最难的事其实最简单

逆境中
精进自我的
8个法则

施俊侃 著

中信出版集团 | 北京

图书在版编目（CIP）数据

最难的事其实最简单：逆境中精进自我的 8 个法则 / 施俊侃著 . -- 北京：中信出版社，2021.8
ISBN 978-7-5217-3273-3

Ⅰ . ①最… Ⅱ . ①施… Ⅲ . ①成功心理－通俗读物 Ⅳ . ① B848.4-49

中国版本图书馆 CIP 数据核字（2021）第 122190 号

最难的事其实最简单——逆境中精进自我的 8 个法则

著　　者：施俊侃
出版发行：中信出版集团股份有限公司
（北京市朝阳区惠新东街甲 4 号富盛大厦 2 座　邮编　100029）
承 印 者：天津丰富彩艺印刷有限公司

开　　本：880mm × 1230mm　1/32　　印　　张：8.75　　字　　数：174 千字
版　　次：2021 年 8 月第 1 版　　印　　次：2021 年 8 月第 1 次印刷
书　　号：ISBN 978-7-5217-3273-3
定　　价：58.00 元

本书所得个人收益将全部作为公益用途，

在此感谢您的支持。

目 录

推荐序 1 庄泉娘 V

推荐序 2 叶渌 XIII

推荐序 3 陈鸿昌 XVII

推荐序 4 余进 XXI

推荐序 5 杨洪钧 XXIII

第一章 逆流而上：开局不利，怎样漂亮逆袭

1 危机，亲历重大反垄断案 003

2 人生，就是在石头里打滚 011

3 逆袭，有时需要以退为进 018

4 目标，如何实现从“想”到“做” 028

第二章 赛道选择：从零开始，化劣势为优势

1 职业起点，请选择大公司 041

2　华丽转身，从提升履历开始　044
3　眼光放远，把职业当成事业　048
4　迎接挫折，直面恐惧才能不断进步　051

第三章　职场进阶：专业是及格线，也是撒手锏
1　初入职场，三个认知助你快速成长　065
2　打造个人品牌，五个细节决定成败　072
3　提升演讲力，四步跨越职场分水岭　080
4　应对危机，快人一步化险为夷　093

第四章　延迟满足：有耐心的人更有韧性
1　校准目标，警惕虚荣心　101
2　拓展能力，打造 B 计划　107
3　积累筹码，让进步可视化　111
4　从“咸鱼”到“锦鲤”，三招召唤好运　116

第五章　向上沟通：从打工人思维到合伙人思维
1　场景区分：站在老板角度想问题　128
2　性格分析：应付“难缠”的领导，如何对症下药？　143
3　谈判策略：怎样谈加薪，老板才会听？　150

第六章　**跳槽攻略：搞定世界 500 强的面试技巧**

1　自我推销：一封“秒回”的录用通知　161

2　用户画像：对目标公司展开“反尽调”　162

3　掌控节奏：做积极进攻型面试者　165

4　精准匹配：传递非你莫属的自信　169

第七章　**突破瓶颈：职场没有天花板**

1　遇到瓶颈，寻找弯道超车的路径　175

2　面对挑战，打造手杖攀登高山　186

3　自我清零，厚积薄发轻装前行　197

第八章　**回归初心：遭遇困境，怎样精进自我**

1　成长的烦恼：从“坏小孩”到好律师　207

2　生活的意义：面对疾病，重审自我　215

3　旅行的价值：看清初心和无限可能　223

4　生命的责任：生活需要一点理想主义　231

后　记　243

推荐序 1

庄泉娘

合众集团私募基金运营董事、投资人、独立董事、前埃森哲大中华区主席

认识安迪[①]很多年了，我一直钦佩他的勤奋、积极正面的态度、强烈的职业道德和对终身学习的承诺，最重要的是，他愿意与周围的人分享他的知识和经验。因此，当安迪告诉我他将写一本书来分享他的人生经历时，我并不感到惊讶。他早年从内地移居香港，经过多年努力，最终成为一名声望很高的律师。虽然安迪和我花了很多时间分享“人生功课”，但直到我从头到尾读了这本书，才了解到他的奋斗、艰辛、使命感和对生活中点点滴滴的无限感激。

安迪对我说，他写这本书是为了与每位读者分享如何应对生活中的逆境——无论你是工人、专业人士、商人、家庭主妇还是学生。这本书充满了安迪从亲身经历中总结出的真诚的经验，没有美化，也没有夸张。安迪克服逆境靠的是他自己的一套原则、

① 本书作者的英文名是 Andy。

价值观和方法，他在这本书中系统地分享了这套方法。本书介绍的八项法则适用于每一个想要掌控自己的生活并实现自己人生使命的人。

在我担任埃森哲大中华区主席期间（2015—2018），安迪是我的法律顾问，我们遇到过许多挑战，我亲眼见证了安迪运用他的一套纪律、信念和方法，冷静、公平、正直并实事求是地处理每一个问题。

安迪总是怀着一颗谦逊的心，以开放的心态来学习和成长。

我仍清晰地记得，2015 年我们在香港举办的一次领导力培训活动的庆祝晚宴上，我与新晋升的董事总经理们分享了埃森哲的商业模式、技术愿景和趋势、跳出思维定式和创造力的重要性、埃森哲卓越和正直的价值观，以及无意识偏见的危害和包容性与多样性。这些对我们的员工和业务都有重要意义。安迪总是会写下新的想法和知识，但由于当时的场合，他没有随身携带常用的笔记本，于是，他收集了许多餐巾纸（干净的），尽可能地记下了我分享的要点。这就是安迪对学习的热情。他永远都有自己的“写作材料”，即使需要随机应变和临场发挥。

在过去的一年多里，发生了许多的变化，新冠肺炎疫情严重影响了全世界，最贫穷和处境最糟的人受到的打击最为严重。现在是“有能力”的人帮助“无能力”的人的最好时机。当安迪离开埃森哲时，他正处于事业的巅峰，已在全球最大的科技公司之一度过了十多年的成功岁月。他能够轻易找到合适的大型跨国科技公司的顶级管理职位，却决定加入非营利机构——深圳市蓝海法律查明和商事调解中心，担任首席法务官，继而成为蓝海大湾区法律服务研究院合规研究委员会主任。除了在这个无偿服务的岗位上慷慨地贡献他的时间，安迪还计划将本书的所有收益捐赠给蓝海大湾区法律服务研究院。

安迪身上体现出回馈社会、卓越传承和无私分享的力量。他过着简朴的生活（即使他可以轻松地负担起更奢侈的生活），但总是想着如何为社区、社会和那些与他相关的人做贡献。他写这本书是为了分享面对逆境的经验和他内心最真实的想法，这并不是一段轻松的旅程，但安迪决心尽可能多地分享（因为他从别人那里学到了东西，并从中受益），以帮助别人过上更好的生活。

这本书的结语吸引了我的注意，并引起了我的共鸣：

> 不要害怕贫困，它令我们奋斗，每一天都过得比前一天更富足。
>
> 不要害怕笨拙，它令我们勤学，谦虚得像一只空杯子，还有很多空间等待填充新的知识。
>
> 不要害怕衰老，它令我们有经验。智慧需要时间来沉淀，不妨把衰老当作一个有魅力的朋友。
>
> 不要害怕疾病，它是身体拉响的警报，提醒我们放慢脚步，反思生命中最重要的人和事。
>
> 不要害怕逆境，它当然让人痛苦，但每一次挑战也让人成长。接受它，突破它，很多难题没有想象中那么可怕。

学习并分享知识和经验是安迪的人生使命，他希望其他人也能够享受终身学习的过程，并从中受益。他的书有力地提醒我们：拥有正确的态度、敏锐的认知、对知识的渴望，以及对自己生活的责任感，是实现成功人生的关键。

庄泉娘

于新加坡

Foreword 1

Chuan Neo Chong

Operating Director at Partners Group, Investor, Board Member, Former Chairman of Accenture Greater China

I have known Andy for many years and I have always admired his diligence, positive attitude, strong work ethics, commitment to life-long learning, and most of all his willingness to share his knowledge and experiences with the people around him. So it came as no surprise to me when Andy told me that he will write a book to share his life journey, from a humble beginning as a new migrant in Hong Kong to eventually be a legal counsel of high standing. Although Andy and I spent many hours sharing "life's lessons", I was not aware of his struggles, hardship, sense of mission and his immense gratitude for little blessings in life, until I read the script (cover to cover) for this book.

Andy shared with me that he wrote this book to share with ordinary people — whether you are a worker, a professional, a businessman, a housewife, or a student — on how to deal with adversity in life. This book is filled with honest and sincere experiences that

Andy has personally encountered, no "sugar coating" and no "exaggerations". The fundamental that Andy had relied on to help him overcome adversity is a set of principles, values and methods which he has systematically shared in this book. The eight rules outlined in this book is for everyone who wants to take charge of his/her life and to achieve own life mission.

When I was the Chairman of Accenture Greater China region (2015–2018) and Andy was my legal counsel, we encountered many challenges and I saw first-hand how Andy had employed his set of disciplines, beliefs and methods to handle each and every issue, with calmness, fairness, integrity and facts.

Andy is always willing to learn and grow, with a humble heart and an open mind.

I still recall vividly during one of our leadership events in Hong Kong in 2015, when we had a celebration dinner. I was sharing with the newly promoted Managing Directors about the Accenture's business models, technology visions and trends, the importance of thinking outside of the box and creativity, sacred Accenture values of stewardship and integrity, unconscious bias and Inclusion & Diversity — being important for our people and business. Andy who is always writing down new ideas and learnings did not have his usual notebook with him since we were having a formal dinner event. He collected as many napkins (clean ones) and wrote furiously the key points from the sharing. Such is Andy's passion for learning. He is never without his writing "materials" even if he needs to improvise.

So much has changed over the past year when the COVID-19 pandemic severely impacted the world. The poorest and disadvantaged are the worst hit. There is no better time than now for the "Able" to help the "Unable". When Andy left Accenture he was at the top of his game, having spent over 10 successful years at one of the world's largest Technology companies. He could readily find Top management roles with suitable large Technology Multinationals but he decided to join the NPO Shenzhen Benchmark Chambers International and Benchmark International Mediation Center as the Chief Legal Officer and then the related Lan Hai Institute as the Head of Compliance Research and Study Committee. In addition to generously contributing his time in this "pro bono" role, Andy plans to donate all proceeds from this book to Lan Hai Institute.

Andy embodies the power of giving back, stewardship and selflessness. He lives a modest life even when he can easily afford the life of extravagance and materialism in the modern world. Instead Andy is always thinking of how he can contribute to the community, society and those whose path crosses his. Writing this book to share his experiences in handling adversity and his inner most thoughts has not been an easy journey but Andy is determined to share (as he has learnt from others and benefited) as much as he can to help others get to a better place in life.

The concluding remarks of this book captured my attention and resonates completely with me:

Don't be afraid of poverty; it makes us struggle, each day lived more abundantly than the one before.

Don't be afraid of clumsiness; it makes us diligent, humble as an empty glass, with plenty of room to fill with new knowledge.

Don't be afraid of ageing; it makes us experienced. It takes time for wisdom to sink in, so think of ageing as a charming friend.

Don't be afraid of illness; it is the body sounding the alarm, reminding us to slow down and reflect on the most important people and events in our lives.

Don't be afraid of adversity; it is certainly painful and uncomfortable, but every challenge also makes you grow. Accept it and break through it; many challenges are not as scary as one might think.

Andy's mission in life is to learn and share knowledge and experiences, and he hopes for others to enjoy life-long learning and to benefit from such activity. His book is a powerful reminder that having the right attitude, keen awareness and knowledge, and accountability for our own life, are key to living a successful life.

Chuan Neo Chong

Singapore

推荐序 2

叶渌

金杜律师事务所高级合伙人

我与本书作者施俊侃已相识超过 20 年。当年我从哈佛法学院硕士毕业后进入香港的一家著名国际性律师事务所——高伟绅律师事务所的香港办公室工作。在那里，我跟安迪在同一间办公室办公。由于香港地少人多，办公空间比内地要小很多。事实上，当我在香港工作多年后回到内地，每次见到很多公司或律师事务所宽大的前台时，都有说不清的“犯罪感”，因为那么大的面积对我而言真的非常奢侈。高伟绅律师事务所的传统是两位律师共享一个办公室，一来是为了让大家可以互相讨论和学习，二来是不至于让办公室的面积分割得太小。我与安迪在很长的一段时间里都一同办公。

高伟绅律师事务所对律师的工作质量要求极高，安迪也给了我很多鼓励和帮助，让我得以适应这种充满挑战的工作环境。当时，我们俩共同的“师傅”是合伙人瓦伦丁律师，安迪在书中写到了瓦伦丁律师在专业上的严格要求。

安迪除了工作非常努力之外，对同事也非常关心，经常主动询问大家的情况，并组织各种聚会，比如有新同事加入，他会组织欢迎聚餐，有同事要离开，他会组织欢送聚餐。因此，我们都称他为“工会主席”，请他为我们争取利益。以前在怡和大厦（高伟绅律所在香港的办公楼）办公时，中央空调总是晚上 7 点钟就停了，但我们当时忙得不可开交，经常加班到三更半夜，在没有空调的情况下，办公室非常闷热。于是安迪就代表全所的同事向管理合伙人提出诉求，要求将中央空调的运作时间延长到半夜 12 点。为了每天多 5 个小时的中央空调，律所每年要多付 30 多万港币给物业管理公司，但有了晚上的空调，我们每天的加班就比较舒服和高效了。

安迪还有一个外号叫“苦行僧”，因为他常年无休地工作和学习。他的自学能力非常强。我记得高伟绅律所当时负责处理大量的外商投资项目，每个项目都有涉及劳动法的问题（比如，老旧工厂改造或并入新的合资企业时劳动人事问题怎么处理，新建外商投资企业的劳动规章制度怎么设立，等等）。当时，香港熟悉内地劳动法的律师很少，既懂得劳动法，又可以用流利英文来书写法律分析并提出解决方案的律师就更少了。安迪发现这个需求后，就自己学习劳动法。当时互联网还不发达，他在高伟绅律所的图书馆里借到几本厚厚的劳动法汇编，基本涵盖了从 1949 年到 20 世纪 90 年代的劳动法。那段时间，他废寝忘食，利用自己的假期和周末时间不停地学习。

1998 年，安迪被“中国人才”奖评选为“年度劳动法律师”

（China Labor Lawyer of the Year）。我经常与年轻律师提及安迪的这个故事，他就是书中提到的我说的那种“客户打着灯笼来找”的法律专家。

除了高强度的律师工作，安迪还花了大量的业余时间去学习演讲，他在演讲会学习了5年。正如他在书中讲述的那样，在律所工作之余，他参加并组织了大量的演讲培训，从心态转换到细节把控，反复练习、纠偏。除了演讲技巧的学习外，其间他从普通的分会会员，成长为分会副会长、会长，最后成为香港总区的创始会长。香港和内地现在共有600多家演讲会，都是安迪当年默默耕耘的结果。安迪在书中讲的演讲技巧值得大家去学习。

安迪是坐言起行的人。2019年3月，我在北京出差，在环球金融中心楼下碰到了他（金杜律所的办公室和埃森哲的北京办公室在同一栋办公楼）。我问他下一步有什么打算，因为我知道安迪在埃森哲的工作表现非常出色，已经被提升至中国人在埃森哲全球法律部能达到的最高级别，我也一直知道他想服务社会的情怀。他回答我，他想为公益做些事情。我告诉他蓝海中心刚成立了蓝海大湾区法律服务研究院，如果他愿意，可以成为蓝海研究院的咨询委员。他二话不说就同意了。

后来他陆续参加了一系列蓝海研究院的论坛和会议，并在2019年9月毅然离开埃森哲，来到深圳，成为蓝海中心的首席法务官，专注法律科技和合规的事务。在本书中，安迪提到了他在高伟绅律师事务所学到的经验——忘掉已经获得的荣誉、认可，甚至自尊，重新学习。他愿意付出十倍的努力去弥补差距，当时就算每天工作到凌晨还要不停地问:“老板,有什么需要帮你吗?”

这本书讲述了安迪亲历的故事,他总结出的很多原则和方法,对于年轻人很有借鉴意义。这本书告诉我们,一个人怎么逆流而上,从零开始,化劣势为优势,变得高度专业化、有耐心,将自己的打工人思维转为合伙人思维,并传授了卓越的面试技巧、突破职业瓶颈的方法,以及回归初心的自我精进的历程。

叶渌

于中国香港

推荐序 3

陈鸿昌

企业家教练，曾任新华三集团、惠普中国、思科中国、北电网络大中华区首席财务官

安迪一直是我尊重和关心的好朋友，我们在北电网络共事五年，后来他离开北电网络加入了埃森哲。算一算，我们认识有二十个年头了。他在面临人生重要选择的时候，都会征求我的意见。2006 年，当他同时获得三家跨国企业法务总监的工作机会时，有点犹豫不决，经过探讨，他最终选择了埃森哲。2019 年，他决定离开埃森哲去深圳蓝海中心前，也来问过我的意见，与我谈到两个工作机会的选择问题。我让他回想一下为什么几年前工作很忙时，还花费个人的精力与时间做公益，帮忙建立小区的业委会，服务他人。我告诉他，不知道如何做选择时，只需要回归驱动他前行的初心即可。

在我心中，安迪一直是一个可信、可靠、正直的律师。他以公平、公正和坦诚的原则来做人和处事。加上他的勤劳和强大的学习能力，他的职业发展成绩是大家有目共睹的。

看完全书，最打动我的是他自我清零、厚积薄发、轻装前行

的精神，这是我所见证的他在过去20年间面对成长和挑战时所显示出来的精神。

我知道安迪决定将这本书的所有收入捐赠给公益事业。我佩服他崇高的情怀，这也是我认识他这么多年来，他一向显示出的性格特质。我曾经与安迪在北京同住一个小区，他花了3年建立起小区的业委会，担任业委会主任5年，我曾目睹他每个周末都任劳任怨地为他人服务。必须指出，他作为一个跨国企业的法务总监已经很忙了，但还是挤出时间和精力来服务大家，这是一种非常可贵的奉献精神。

在北电网络时，我见证了安迪的成长，他为人非常真实和坦诚。如今，当我碰到法律问题的时候，还是会找安迪咨询，他永远都会以专业和高效的精神提出独特的法务意见和处理方法。我很荣幸有安迪这样的旧同事和好朋友，我们彼此欣赏，相互成就，这是人生美好的“战友”情谊，这让我深深地体会到，虽然同事是一时的，但真实和坦诚的品质，让我们成为永远的朋友。

我个人的经历与安迪有点相似。我35年的职业生涯从美国开始，读工商管理硕士时也是半工半读，在校园食堂和餐馆工作，拿到学位后的第一份工作是在一个小企业的财务部担任会计，后来加入一家世界500强企业——美国数字设备公司，做财务分析工作，经内部调岗做了销售，后来在不同岗位（财务、销售、运作、业务），不同国家和不同企业（DEC、北电网络、思科、惠普等）做管理工作。我的经历让我深深感受到一个合格的职业经理人所应具备的职业精神与价值观，在帮助企业及客户解决问题，体现岗位价值时的重要性，安迪的人生价值观及奋斗精神，与我产生了深深的共鸣。

陈鸿昌

于上海

推荐序 4

余进

IDG 资本合伙人、前麦肯锡全球董事合伙人、前埃森哲战略大中华区总裁

在我担任埃森哲战略大中华区总裁的时候，有幸与安迪共事。我们同为埃森哲大中华区领导委员会的成员，一起处理过不少复杂的项目。

安迪是个出色的法务总监，具有丰富的法律知识和专业经验，同时富有同理心，经常为解决棘手问题提供非常有建设性的建议。他的专注、敬业和领导力给我留下了深刻的印象。

即使都离开了埃森哲去开拓各自的事业，我们仍保持联系。我有时候会咨询安迪法律问题，他仍会不辞辛苦地提供专业意见。

安迪给我留下的最深印象是：无论面对多大的压力和挑战，他总是能沉着、冷静、客观和理性地解决问题。

在埃森哲，他的口碑和人缘很好，我和同事都信任他，有事愿意找他商量，他总能帮助我们在控制法律风险的同时找到合适的商业解决方案。

以前，我们更多地是以同事的身份交流与工作有关的事情，

但通过这本书，我对安迪的了解更深了，我发现我们有着很多相似的价值观和人生观。对待自己，我非常认同安迪把自己归零的精神。我曾经在一个演讲中分享过，我觉得自己不过是一只井底之蛙，需要时刻提醒自己，缩小自我，放下自我，把自己归零——“看见别人是容易的，看见自己是最难的。”对待别人，我一直希望自己能做到用心去感知他人的需要并满足它们。而这首先需要我能够真正地从对方的需求出发，做一个好的聆听者。安迪就是一个好的聆听者。

这么多年来，安迪一向有崇高的情怀。除了法务总监，他也是埃森哲大中华区多样化和包容性工作小组的组长，他关注并支持女性成长，关心残疾人、少数民族、不同性取向人群的权益，不遗余力地推动包容性和多样化的文化，并获得埃森哲全球多样化和包容性的领导奖项，这是当时埃森哲大中华区得到的多样化和包容性领域的最高荣誉。

我曾留学美国，获得加州理工学院经济学博士学位，博士毕业在洛杉矶工作两年后加入了麦肯锡北京，之后历任麦肯锡全球董事合伙人、埃森哲战略大中华区总裁，目前任 IDG 资本合伙人。结合我自己一路走来的职场经历，我对于安迪书中所说的奋斗精神深有体会。如果把遇到的每一个挑战和挫折都当成成就自身的机会，成长本身将赋予生命更多意义。

余进

于北京

推荐序 5

杨洪钧

资深律师，首位成为海牙国际调解学院认可调解员的亚洲人，连续 5 年被《法律名人录》评为全球调解思想领袖

我与安迪认识大概两年左右，我们的密切来往始于他在蓝海中心任首席法务官的时候，从 2020 年 3 月起，我们一起设计有关商事调解的公益网课。刚开始，我们都不知道怎么做直播，毕竟以往的培训都是线下的，受新冠肺炎疫情的影响，我们需要将培训课程转为线上，这对我们来讲是巨大的挑战：线下的课程中，我们直接面对现场的观众，是有对象感的；线上直播时，我们面对的只有摄像机，没有对象感，无从得知观众的反应和参与度。

于是，我们就从零开始，学习怎么做直播。我们的幻灯片改了又改，排练了数十次，我与安迪和蓝海中心的小伙伴们摸着石头过河，一遍遍调整内容和技术方案。由此，我对安迪精益求精的精神有了深刻的印象。有一个周日，我们排练了 5 个小时，直到晚上十点多，大家又累又饿，但还是坚持下来了，这都是为了第一次直播的质量有保证。

第一天直播的效果不错。对于第二天的直播，为了克服直播

软件不稳定的情况，我们预录了讲课的部分，仅在问答部分保留直播。但第二天早上，安迪与我复盘了第一天直播的优点和要改善的地方，并建议当天晚上的课程放弃录播，还是全部用直播的方式。于是，我们当天又排练了好几个小时。放弃录播意味着我们需要重新排练，还要面对直播软件不稳定的风险，但全部直播可以让我们对第一天的问题做出回答，并改善第一天直播不足的地方。安迪的专业精神以及吃苦耐劳的精神深深地打动了我。

其后，我们又做了几次网课，每次都不断地改善内容并排练整个流程，一步步地提高我们的直播水准。

我去年与安迪分享了我对人生的 21 点总结，没想到安迪竟留心记下了它们。有时我们还会提起这 21 点总结，互相勉励。

安迪是个非常好学的人，他将我的 21 点总结中的 8 个 W（见第五章）融进书中与大家分享。从这一点，我可以看到安迪学以致用的精神和本领。

安迪在书中提到的罗拔臣律所的史密斯律师也是我的朋友，我们曾经服务于香港律师会，他在 2004 年担任香港律师会的会长。这个世界很小，想不到安迪的第一个律师“师傅”就是史密斯律师，这使我感到安迪在书中分享的他克服恐惧和提升自我的经历非常真实。在我的人生 21 点总结中，我提到：

> TRA 是努力争取来的。你必须从别人那里努力争取他们对你正向的看法或感觉，它们不是上帝赐予的礼物。
>
> T（trust）：对方对你的信任。

R（respect）：对方尊重你。

A（ability）：对方觉得你有能力。

从安迪的身上可以看到，他是用专业能力和精益求精的态度赢取他人的信任和尊重的。

看完全书，不知道是我影响了安迪，还是他影响了我，或是我们相互影响，我发现我们两人的价值观非常接近。

本人年轻时去加拿大留学，从数个理科专业（数学、物理、化学）毕业后受聘于国际保险公司，担任计算机分析师，后来转读法律学院，在加拿大做律师。有了在国外的挑战和经验，我感到必须回到香港，成家立业。为了未来的职业发展,我参加考试，取得了英国律师资格和香港律师资格。从受聘于最大的国际律师事务所，到成立自己的律师事务所，再到合并多家律师事务所，现在担任德勤法律相关律师事务所的高级顾问，我的从业经历是一个漫长而丰富多彩的旅程，后来成为调解员以解决他人的纠纷也是另一个有趣的转折。因此，我对安迪书中写到的奋斗精神有感同身受的感觉。

这本书包含了安迪过去五十多年人生经验的总结，希望对大家有所启发，有所帮助。希望你可以像安迪一样永不止息，不断克服挑战，乘风破浪前进！

杨洪钧

于中国香港

第一章

逆流而上：
开局不利，怎样漂亮逆袭

无论处在何种状况，都要有发现光明之路的能力，有视祸为福的坚毅决心。

——日本松下电器创始人　松下幸之助

1

危机，亲历重大反垄断案

2014 年 8 月 6 日，东京乐高乐园。

过去很长一段时间，我很少休假，即使偶尔休假也会同时处理工作，没有一天把工作完全扔到一边。但这一次，我决定享受一个真正的假期，带着太太和孩子们去东京旅行。

由于之前常去日本出差，对东京挺熟悉，出发前我就在想，这次一定要像导游那样，带第一次去日本的家人好好逛逛。东京乐高乐园是本次行程的第一站，儿子又特别喜欢乐高积木，几天前就开始摩拳擦掌。

乐园里，7 岁的儿子发出兴奋的尖叫，拉着姐姐往小火车跑，准备开始与怪物战斗。他一边蹦跳，一边扬着小手回头：“爸爸妈妈快来呀!”看着孩子们疯狂玩耍的身影，听到太太柔声嘱咐他们要小心，我心中升起一种幸福与歉意交织的复杂情绪。

突然，手机铃声响起，我一边看向孩子，一边漫不经心地接起电话。本以为多年来缺席孩子们的成长，是时候补偿一下了，却没想到，自己即将迎来一场在商业史上具有里程碑意义的大案件，也是我职业生涯中最严峻的挑战之一。

危机来临

电话是埃森哲[①]负责政府关系的总监L.H.打来的。听得出她尽力保持镇静，但语速迅疾。

就在这一天的北京时间上午9点，当时的国家工商行政管理总局、辽宁省工商局、大连市工商局会同公安部门共20多人，突击检查了埃森哲设在大连的办公室。大连办公室是埃森哲在国内最大的外包基地之一，有约1万名员工，负责埃森哲在全球最重要的客户之一A公司的外包业务。A公司是一家美国的大型跨国软件公司。

就在此前一周，国家工商行政管理总局向媒体正式确认：根据《反垄断法》规定，工商总局专案组于7月28日对A公司在中国内地的四个经营场所[②]同时进行了反垄断突击检查，包括约

① 埃森哲（Accenture），上市咨询公司，客户包括超过3/4的世界500强企业和各国政府机构。

② 即北京的A公司中国总部以及上海、广州、成都的分公司。

谈公司相关负责人，复制公司部分合同和财务报表，提取电脑、服务器中储存的内部沟通文件、邮件数据等①。

我于2006年加入埃森哲，事件发生时，职位是埃森哲亚太区区域法律服务董事总经理兼大中华区域法律部总经理。在接听电话的同时，我立刻意识到这次突击调查对公司意味着巨大的风险：

首先，作为A公司全球财务的外包商和重要合作伙伴，埃森哲和A公司的合同总价值数亿美元，如果我们应对失当，很可能影响与A公司的长期合作。

其次，从法律角度来说，埃森哲有配合工商局调查的义务。但除了全球范围的财务外包，我们和A公司还有价值几十亿美元的其他业务合作。埃森哲所掌握的信息是融汇信息，里面既包括A公司亚太区和其他地区的财务信息，也涉及其他合作业务信息。如何将这些信息数据做快速而妥善的切割，以控制调查范围，全方位考验着我们的危机应对能力。

再次，围绕A公司涉嫌违反中国反垄断法事件，同期中外媒体的报道、解读铺天盖地。怎样在应对危机的同时，向媒体澄清报道失实的部分，维护埃森哲的品牌形象和声誉，稳定股价，消除其他客户对于与埃森哲合作项目信息安全的担心，是一个巨

① 事情的起因是，2013年6月，有企业反映A公司存在对其操作系统和办公软件相关信息没有完全公开造成的兼容性问题，以及搭售、文件验证等问题，向工商总局提出举报。工商总局遂着手就A公司涉嫌违反中国反垄断法一事展开核查。

大挑战。

最后，埃森哲大连公司的员工当时在一线承受着巨大压力，如何安抚他们的情绪，带领大家妥善行动，既关乎问题的解决，也影响到员工对公司的信心。

电话那头，L.H. 焦急地问："工商局的 20 多个人就在我们办公室，没有拿到他们要的材料不会走，员工都在看着，怎么办?"

我心里一沉，尽量以冷静的声音清晰地给出指令："启动危机处理机制，马上召开危机应急连线会议。"

挂断电话，我不安地看向妻子。她大概从断续听到的信息和我的神态中猜出端倪，露出"说吧，这次又遇到什么急事"的表情。

我满怀歉意地告诉她，公司遇到很严重的问题，必须马上回酒店处理。她点点头，给我一个谅解的笑容，转身安抚在一旁眼巴巴等着的孩子们。

"爸爸，你又有事要走了吗?"已经 10 岁的女儿眨巴着眼睛，咬着下唇，拉住弟弟的手。儿子一手拿着乐高枪，一手抠着火车的把手，大声抗议："我们才玩了不到 1 个小时！不要走!"

我内心无比愧疚。

我走过去，半蹲在火车边，确保自己的视线和儿子平行："对不起，你们跟妈妈在这里好好玩，爸爸处理完工作再来陪你们好吗?"

"不好又能怎么样呢?"女儿两手一摊，一脸沮丧。

儿子把乐高枪瞄准我："砰砰砰，消灭坏蛋!"

我用力抱了抱他俩。

"快走吧，我来善后。"太太体贴地推了推我。

几分钟后，小火车载着孩子们驶向无忧无虑的乐高世界，而我，也奔赴属于我的"战场"。

不眠不休的 48 小时

赶回酒店，第一件事是请前台新开了一间房，作为临时的私人办公室：接下来要处理的问题会有很多涉及公司机密，即使是家人也不适合在场；同时也不想影响他们休息——我知道，这必然是一场通宵达旦的战役。

我很快加入了全球连线的危机处理会议，再次沟通并确认了情况的严峻性：

7 月，在工商总局针对 A 公司的检查中，A 公司表示，部分主要待检查人员不在国内或联系不上，那次突击检查未完成全部检查内容。

而 8 月 4 日，也就是突击检查埃森哲大连办公室的前两天，工商总局专案组已经对 A 公司的一些高管进行了反垄断调查询问，并警告 A 公司要遵守中国法律，不得干扰、阻碍案件调查，保证调查的客观公正。

在这种情况下，工商总局同期突击检查埃森哲信息技术（大连）有限公司，希望调取相关材料，是可以理解的：埃森哲作为

A 公司财务的全球外包商，拥有 A 公司包括销售收据、发票和日记账[①]在内的所有财务资料，显然是调查的一个突破口。

尽管忧心忡忡，所有与会者仍快速达成一致：缩短决策链，协调一切必要资源，制订应急反应策略。

结束会议后，我首先联系了 A 公司亚太区的财务部和法律部负责人，明确告知：埃森哲需要配合政府调查，提供相关材料，这符合合同约定，不会构成与 A 公司的合同违约，但同时我们也有把相关细节告知 A 公司并取得谅解的义务。这就确保 A 公司总部知道埃森哲的应对策略，可以稳住基本盘。

此时已是北京时间 8 月 6 日的下午，工商局办事人员仍然没有离开大连办公室。在美国，这正是早上的上班时间，埃森哲的全球领导和总法律顾问刚刚看到媒体的报道，就立刻接到我的汇报。

接下来，经由一个又一个越洋电话来回交流，我在线指挥大连办公室妥善应对工商局的调查：尽量配合工商局要求，但原则是仅提供 A 公司中国业务的财务信息，而不提供其亚太区和全球的信息。这样才能确保调查不会进一步扩大，波及 A 公司其他部门及埃森哲的其他客户。

北京时间 8 月 7 日凌晨 3 点，工商局的办事人员在调查了 18 个小时后，离开了埃森哲大连办公室。

而此时，新一轮的危机处理小组会议刚刚开始：就工商局调

---

① 即 journal entries，又称序时账，是按经济业务发生和完成时间的先后顺序进行登记的账簿。

查的范围、拿走的材料（电子文档和纸质文件）、要求提供更多材料的指令，进行信息通报和全盘分析。

我彻夜未眠，电话、邮件纷飞，一直忙到 7 日中午，终于能暂停会议，叫餐到房间稍微补充一下体力，为第三个回合的战略部署做好准备。因为东京的晚上正是美国时间的早上，我需要再对埃森哲全球领导做一次详细的汇报，在获取相关支持的同时，告知风险正在得到有效的控制。

之后，在查阅文件、跟踪进展、指挥行动的间隙，我把整个危机处理过程整理成一份报告，抄送给相关领导和危机处理小组的成员，并随时更新，确保团队成员第一时间获得必要的信息和行动建议，从而优化决策，管理客户与媒体预期……

我终于迎来片刻喘息。此时距离 6 日上午接到那通电话，已经过去几乎 48 小时。

我也终于有时间查看妻子发来的信息。知道我不能被打扰，她一直没有来过我的临时办公室，只是隔几个小时就发信息，提醒我注意饮食和休息。

信息里，还有一张她带着两个孩子在东京街头的合照。

我注视着家人的笑颜，心中有点遗憾：那本该是我陪他们一起度过的快乐时光。然而生活就是这样，来不及彩排，总有各种意外。直到现在我都很感谢妻子一直以来的理解和支持。

接下来的两个多月，在我的主持下，公司又经历了与工商局的几轮沟通，最终得到各方基本满意的结果：

整个案件得到有效控制，工商局拿到可以依法取得的材料；

我们每一步行动都与 A 公司沟通并取得谅解，埃森哲其他客户关于信息安全的担忧被一一解除；

我们员工的信心恢复了，一切工作照常进行；

我们提供给 A 公司的财务外包服务持续有效。

至此可以确定，我们成功解决了这次危机。

可以说，2014 年围绕 A 公司涉嫌反垄断法的调查案，是埃森哲在中国市场面临的一次巨大考验，也是埃森哲中国公司建立以来遇到的最大一起危机公关事件。

对我而言，危机发生后 48 小时的妥善应对，用了之前 22 年职业律师生涯去准备。我庆幸自己在关键时刻扛住了压力，在团队的支持下，帮助公司顺利度过危机。

与此同时，我也迎来个人职业生涯的高光时刻——基于我在本次事件以及过去几年中的工作表现，时任埃森哲全球总法律顾问沈居丽女士[①]提升我为埃森哲全球法律部的管委会成员。

当时埃森哲的全球员工超过 35 万人，全球法律部大约有 2000 人，而它的管委会成员只有 10 人，包括全球总法律顾问和副总法律顾问、北美和南美区域法律部的负责人、全球法律部的人事部负责人，以及我——亚太区区域法律部负责人。

要知道，这是埃森哲有史以来，第一次有华人获得这个职位，而我，再一次实现了人生中的漂亮逆袭。

① 沈居丽（Julie Sweet）从 2019 年 9 月 1 日起任埃森哲全球首席执行官。

2

人生，就是在石头里打滚

第一次见到我的朋友，常因口音误以为我是在外国出生长大的华人。其实我在福建漳州出生，成长于漳州和晋江前港村，12岁时随家人移居香港。

后来随着事业发展，我辗转于内地、香港和亚洲其他地区，处理过不少棘手的法律案件，又有人觉得，我的言谈举止包括着装风格，透着一股“精英范儿”，半开玩笑地问：“你是不是富二代?”

别说富二代，我的家庭连中产都谈不上。

为了证明这一点，每到这种时候，我会把两只手摊开，掌心向上，笑着示意对方：“你看，现在我是资深律师，但手不会撒谎，我的手很粗糙，因为我从小做童工，不努力干活就吃不饱饭。”

这不是哭穷，尽管如今生活顺遂，可我内心深处，仍以“年轻时吃过苦”为荣。

活下去，是生活的第一要义

我对香港最初的记忆，是1977年在过关的火车上喝到的一瓶可乐。它就像这座城市一样，第一口很辣，充满新鲜刺激的泡泡，不小心就会直冲脑门。对第一次喝的人来说，不好消受，一旦习惯，又很容易上瘾。

20世纪70年代末的香港，赶上经济腾飞的浪潮，风头正劲。报纸上，一夜暴富的故事天天在发生，路上行人走路都像在冲锋。但这些繁华和我无关，我的穿着、口音都在向周围人展示我的出身：一个外来穷小子。

我爷爷出生于福建晋江前港村的一个贫苦家庭，住在每逢下雨就会漏水的茅屋。他小时候放羊，看见人家上课，便跟着偷偷学，这才认得几个字。爷爷16岁那年从福建坐帆船去菲律宾讨生活，立志要发达，让家人和后代可以有房子住。他在菲律宾历经艰辛，慢慢扎下根来后，因为连生了两个女儿，便要求堂兄把自己的次子，也就是我父亲，过继给他当儿子。

爷爷在马尼拉的生意越做越大，我父亲虽然是名义上的华侨之子，但一直待在福建老家，过着普通人的生活。他参过军，在糖厂做过工人，在漳州遇见我母亲并在那里结婚。

1973年，为了给家人更好的生活，父亲带着我两个哥哥去香港谋生，四年后，妈妈带着我和妹妹赴港团聚，我的人生从此发生了翻天覆地的变化。

在我12岁那年（1977年）的记忆中，香港的夏天格外潮湿闷热。

初到香港，我们一家六口人挤在香港北角一个30平方米的旧楼房里，房间在大厦三楼，临近北角的英皇道大马路，噪声很大，并且挨着厕所，墙壁不断渗出臭水，时刻散发着怪味。

在空间逼仄、气味复杂的房间里挨过晚上，到了白天，生活也并没有好过一点。我们在香港没有什么能说上话的亲戚，也没有积蓄；不会说粤语，更听不懂英文。作为外来户，我们跟这座城市格格不入。

雪上加霜的是，团聚后不久，作为顶梁柱的父亲罹患肝癌，才 42 岁就去世了。34 岁的母亲在人生地不熟的香港，要独自抚养我们兄妹四人[①]，苦闷到一度想要轻生。为了生活，我们什么都做。我在酒楼收拾过餐盘，在住宅区做过保安，在磁带装配线拿过计件工资，也在香港半岛酒店做过服务员。我大概统计了一下，在做律师之前，我做过 10 份不同的基层工作。用老人的话说，天天在石头里打滚，又难又疼。

很长一段时间，我跟二哥在家做纱罩熨烫的计件工作，我记得很清楚，每熨烫 100 个纱罩的工钱在 2 元港币左右。

说起纱罩，知道的人恐怕已经很少。纱罩由纱线织成，罩在汽油灯上，它小如鸡蛋，却能长时间经受数百上千度的高温而不碎不掉，其奥秘就在制作过程的头道工序上——先将大绞的进口人造丝用化学品硝酸钍和铈浸透，其间有放射性物质析出，长时间接触，对人体有毒害。十几年后看新闻报道，以前在纱罩工厂上班的人，很多都得了不治之症。大概因为在家干活没去工厂，我没有受到毒素影响，身体一直很健康。庆幸之外更多是无奈，当时能找到活干就不错了，其他真管不了那么多。

除了在家熨烫纱罩，我和二哥也会去工厂做录音带装配的计

① 当时我大哥 17 岁，二哥 14 岁，我 12 岁，我妹妹 7 岁。

件工作，每装配 100 盒录音带的工钱是港币 1.2 元。

现在二哥（已是一位成功的银行家和投资家）有时会和我聊起当年的生活，除了工厂的计件工作，每天吃完晚饭后去维多利亚公园溜达、聊天，是我们当时唯一的消遣。孩子们一年只在除夕那天买一次衣服，拿到工资后妈妈会发零用钱给我们购置新衣过年，记得有一次二哥和我去买了一条 60 元港币的牛仔裤，两个人高兴得不得了。

虽然生活很穷，但我们懂得苦中作乐，毕竟活下去是生活的第一要义。小时候我们不懂这个道理，作为孩子，只有这样活下去。

哪怕抓到一手烂牌，也要笑着拿起来

工作中我遇到过不少天才，从轻松拿遍奖学金的“学霸”，到出身名门的精英子弟，若以成败论英雄，他们仅凭天赋和出身，就赢在起跑线上了。

“别人家的孩子”之所以闪耀，是因为案例太少。看看我们周围，多数人出身平凡，资质一般。总拿自己没有的东西去跟别人有的比，会觉得处处不如人，容易自卑；反过来，只盯着自己的好，不知道跟别人的差距，也是盲目乐观的阿 Q。

年轻的时候，我可以说是一无所有。

初到香港，连饭都吃不饱，大街上随便看到哪个人，都觉得处境比我好，因此越比较越自卑，越自卑越畏首畏尾，甚至抱怨命运不公。后来看到一个培训课程的英文口号："Like it, change it, leave it or live with it."，意思是说，面对某个事物，要么喜欢它，要么改变它，要么离开它，要么接受它。

我慢慢意识到，如果比较的对象是自己无法改变的事实，比如家庭出身、成长环境等，就相当于拿鸡蛋碰石头。当生活给了你一手烂牌，抗拒、抱怨只是徒增烦恼，只会让情况更糟糕。

我听过一个小故事：有个女孩一直抱怨，说自己没有参加舞会的漂亮鞋子，直到她看到一个人，连脚都没有……人与人相比，永远比不到尽头，只会徒增烦恼与焦虑。人生不论起点高低、遇到顺境或逆境，既然那些愿或不愿的人、事、物出现在我们周围，自然有其出现的理由。

明白这一点后，我告诉自己要有感恩之心。虽然我没有富足的背景、优越的成长环境，但少年时代的劳作让我的身体状况一直不错，成为律师后每天超负荷工作十几个小时，精力也没问题。虽然我天资一般，父亲早逝，但家庭还算和睦，运气也还行，因此至今都觉得，像我这样平庸的人能取得今天的成就，应该知足、感恩。

没有含着金汤匙出生，就自己去挣

中国首位世贸组织上诉机构主席、亲历中国复关和"入世"谈判等重大事件的大法官张月姣在其自传中回忆说，她出生时赶上日军侵略东北，家里没有吃的（她的哥哥出生三个月就饿死了）。因为营养不良，她从小就得了软骨病，3岁才会走路，直到7岁还是罗圈儿腿。

上学后张月姣寄住在亲戚家，因为每天放学后走路慢，回到家往往连剩饭都没有了，只好提早睡觉。经常半夜被饿醒，只好起来喝口凉水，拿出书本就着厨房微弱的灯光复习。后来她以优异的成绩考上北师大附中，毕业时作为新中国成立以来首批公派留学生，到法国留学，开始了勤奋进取、报效祖国的一生。

跟张月姣法官相比，我的童年虽然清苦却还算幸运，直到移居香港，生活才开始反转，每天半工半读，疲于奔命。

为了抢活干，我每天早上6点就起床，7点到工厂门口去等老板开门，抢到录音带的零部件马上开干，到了中午12点再跑回家，花15分钟左右吃午饭，再去学校接着上半天的学。

当时的我就像一个士兵，每天穿梭在工厂和学校之间。除了“多干一点就多拿一点钱”的认知，我对工作一直有种近乎天真的态度，以至后来我在做餐厅清洁工、保安、饭店服务员、导游、销售时，每一次穿上制服，内心都感到特别自豪。

二哥经常笑我傻，说打工还这么积极，都不知道偷个懒，做什么都容易满足。我也不知道自己这种做一行爱一行的劲儿是从哪儿来的，只是隐约觉得，这个城市有这么多的机会，为什么我不可以呢？

美国著名儿童心理学家、教育家鲁道夫·德雷克斯认为，20

世纪一个重要的变化是，我们不再需要孩子像过去那样为家庭生计付出努力，这常常剥夺了孩子以负责任的方式做出贡献来获得归属感和价值感的机会，严重影响了他们的健康成长。

没有受过挫折教育、在温室里长大的一代，的确很难明白吃苦意味着什么。起点比别人低，境遇比别人差，那就咬咬牙，用自己的方式奋起直追吧，因为希望是自己给的。

不要“佛系”，自尊心让人上进

那年，我兼职在香港一家餐厅做服务生，餐厅派我参加外烩任务（内地叫“到家私宴”），就是经理带着厨师、食材、侍应生、清洁工去客户家里准备宴席。

那是个月色皓亮的晚上，香港中环半山区一座大宅里，喷泉绽放，流水潺潺，到处装饰着优雅的鲜花，暖风袭人。我穿着清洁工的制服，推了一车刚收拾好的餐具和备料进了电梯，迎面撞见一个与我年龄差不多的男孩。

他把我从头到脚打量了一番，可能是自卑作祟，我觉得被看不起，非常难挨。后来回想，其实对方神色淡然，目光也没什么不友善，或许只是对我感到好奇罢了，然而生性敏感的我却不自觉代入他的角色，觉得他看到我这样一个瘦小、寒酸、没见过世面的同龄人，一定在想：哪儿来的穷小子？你来这里干什么？

电梯继续上行。我强装镇定，用力攥了攥拳头，内心有个念头一闪而过："总有一天，我也要出人头地，住进这样舒适的房子，而不只是一辈子低头替人收拾厨具和备料。"

生活的苦难，会让人提早成熟，这未必不是一份礼物。如今回想，我甚至觉得，自己生命最初的上进心，一部分来自苦难，一部分源于自尊。

初到香港的我，正值最敏感的年纪，也向往衣食无忧、受人仰望的生活，也会因为自己寒酸的衣着、穷困的处境感到羞耻。跟周围人巨大的差距，以及少年的强烈自尊，让我时刻憋着一股劲儿，想要做得更好，想要得到更多。

现在有一个流行词"佛系"，用来形容一个人与世无争，只是按部就班做好分内事。我认为，这更多是一种调侃，是对抗生活打击的铠甲，有点"自黑"的意味，并不是鼓励大家无欲无求，不思进取。

与"佛系"相比，我反倒觉得一个人年轻的时候，"贪心"未必是坏事，追求更美好的事物的欲望，会让人更上进。至少对我来说，这份"贪心"是身处低谷时逼着自己不能躺下，提着一口气往前赶路的动力。

3

逆袭，有时需要以退为进

中国有句老话："书中自有黄金屋。"读书，自古以来都是中国人改变命运的一条正路。然而，长年半工半读，让我在中三（相当于内地的初中三年级）时不得不面对一个很现实的问题：我的学习成绩，差得一塌糊涂。

刚到香港，我的功课跟不上，小学留了级，升中学时只好选了一所私立中学，叫威灵顿英文中学，是当时香港最差的学校之一，学生大都是“飞仔”（粤语俚语，即不良少年），堪称未来黑社会的“后备役”。

我虽然不混社会，但因忙着打工赚钱，中三之前心思也没放在学业上。直到有一天，母亲貌似不经意地问起今后的人生选择，我才开始慎重考虑——到底是要继续学习，还是就此放弃。

转学：把自己的选择变正确

一天放学后，我和母亲的休息时间撞上了，才极为难得地坐在一起吃了顿晚饭。要知道，平时为了赶去打工，我们一家人都是各吃各的。

“你就要上中三了，读完中三后，要直接找份工做吗?”母亲问。

我没有回答，把饭扒拉完，放下碗就出门了，反正家里又小又脏又乱。也许母亲在问我之前，内心已经有了答案，但那天她的话就像一块石头，砸进我的心里，激起层层涟漪，我不得不直面那个一直被掩盖在忙碌生活下的问题——我还要读书吗？我能把书读好吗？

当时香港沿袭英国教育制度，中学旧制是初中三年（中一至中三），高中两年（中四至中五），预科两年（中六至中七）。所以中三是个值得一搏的分水岭，其间要举行评核考试，通过的学生才算中三“毕业”，有资格读中四，相当于内地的初中升高中。

我当时学习很差，没有人觉得我能读好书，将来考上大学。家里也一直生活拮据，如果我告诉母亲不想继续念书，估计她会马上同意。

但是，想到自己未来的人生就要辗转于不同工厂的流水线，每天起早贪黑赚取微薄的薪水，我既觉得累，也很不甘心。回想中环半山区豪宅中偶遇的同龄少年，他的父母辈，一定从事着像医生、律师这样体面的职业，如果我不读书，就永远没有机会成为他们中的一员。

巴菲特说，投资就像滚雪球，关键是要找到很湿的雪和很长的坡。人生也是如此，与其在自己不擅长的领域跟对手硬碰硬，不如及早抽身，找到能发挥个人优势、赢面更大的赛道，再通过正确的方法精进，用时间积累复利，这才是更适合普通人逆袭的路径。

考虑了几天，我想明白一点：如果只是做体力活，再勤奋努力，能获取的回报也是有限的；腿脚勤快的同时，把脑子也用起来，把书读好，未来才有可能真的改变命运。

如果没有足够的资源去找捷径，就用最笨的办法走大道——勤劳。对这一点我似乎无师自通，于是就向早已辍学工作的大哥求助，说我如果想升学，就需要离开威灵顿英文中学，上一所更好的学校，但我的成绩恐怕不够格。大哥思考了许久。他已经工作了几年，有一些人脉，最终托跟着学功夫的师公介绍，让我转学进了刚刚成立的闽侨中学，就读中三。

很快我就发现，时间变得更不够用了。闽侨中学是全日制，每天早上 8 点上课，下午 4 点放学，一听到下课铃，我就第一个冲出教室，赶去录音带工厂打工。晚上回家，匆匆扒几口饭，就打开书包开始完成作业，或与二哥去公园溜达。虽然学习上有些吃力，我还是热切期盼每一个周末和假期，因为可以全天在工厂干活，挣到更多工资。

一天晚上，我发现母亲一直盯着我看，一副担心的表情。原来，为了完成计件的录音带装配工作，我要分秒必争地赶工，工作惯性使我的头总是不自觉地左右摇摆，母亲还以为我的身体出了问题。这件事后来在家里一直被她当成笑话讲。

自己选的路，再苦也要走下去。转学后我非常努力地学习，在半工半读的紧张节奏中，顺利通过了中三的评核考试，人生第一个重要关卡也悄无声息地到来了。

留级：奇迹时刻带来的转折

跟内地学生在参加高考前一两年需要分科一样，我升入中四后，也要在文科和理科之间做出选择。我当时天真地认为，男生就应该读理科，而忽视了自己的理科成绩在全班四十几个学生中排倒数几名。这个错误的选择导致我中四时因成绩太差而被要求留级。

没有提前收集信息、没有家人朋友帮着出主意、对自己的优劣势没有清晰的认知，都是我犯错的原因，但出身低微限制了我的视野，是其中的关键。人们常说，寒门难出贵子，很大程度上，“寒门”与“豪门”的差别不是天赋，而是资源和视野，缺少这些，面对人生的关键选择，就难有正确的方法和足够的魄力去做理性分析，权衡利弊。

如果说我的人生中有什么奇迹时刻，留级时决定转读文科，绝对要算一个。

得知要留级，我一度非常沮丧，觉得自己一边打工一边上学，付出了那么多，还是没什么效果，那年暑假甚至有点自暴自弃，心想干脆放弃读书，拿到中三学历后就去工厂找个全职工作算了。然而，等到快要开学的时候，我不知道从哪里来的勇气，在没有跟任何人商量，也没有人主动给意见的情况下，想着既然要留级重新读中四，理科实在不合适，不如改读文科试试。

在老师面前签字登记只是例行公事，而我今后的人生，就此实现转折。自己适不适合读文科，我心里完全没底，唯一确定的是：既然读理科不行，干脆破釜沉舟，重新开始；大不了，中五毕业再去考警察或去写字楼当文员。

到了人生后半场，回望那个穿着汗湿衬衣的少年，一脸倔强站在老师面前，做出“读文科”的决定，我感慨自己的幸运。

都说“穷人的孩子早当家”，正是因为没人兜底，每个关键时刻我都是自己做决定。既然错了也不能赖别人，那么咬着牙也要让自己的选择变得正确。

后来，女儿在小学低年级时也遇到跟我类似的窘境：用自己的方式念书觉得很开心，成绩也还行，但老师以考上重点中学的标准来衡量，总觉得跟尖子生比有差距，劝我们做家长的平时多辅导孩子，努努力。

我和妻子理解并感谢老师的良苦用心，跟孩子商量后，还是做出了转学的决定。离开高压环境后，女儿进步很快，学习成绩和人际关系都不错。对她来说，转学也是一个奇迹时刻，只是跟当年的我不同，女儿不需要独自承受压力，即使不小心选错，家人的支持，也能让她重新来过。

困难是暂时的。不管有没有外力支持，不知道怎么选时，最简单的做法是排除干扰，听听自己内心的声音——我到底想要怎样的生活？发自内心地为自己的选择负责，努力向上，奇迹会更快来临。

奖励：为什么不可以是我？

“安迪，你考了全校第一！”

中学毕业考试公布成绩那天，我正在厂里装配录音带，眼前那些灰色的零件仿佛都添上了色彩，也不再是单调地在我眼前左右移动，而是陪我一同欢呼雀跃。听到其他同学带来的消息，身边的工友一脸惊讶，仿佛发现了新大陆，同样觉得不可思议的还有我自己。

当时距离我选择中四读文科，已经过去两年。我从对学习毫无头绪、半工半读下磕磕绊绊勉力维持的状态中，找到了人生最早也最可贵的信心。用现在流行的说法，我从一个不折不扣的“学渣”，逆袭成了“学霸”。

怎么做到的？其实不难，笨鸟先飞，把过去清零。

中四开学，我刚接触文科，就发现历史、地理和经济这些科目的内容对我来说已经很艰深了，需要相应的分析和评论能力，而我连事件最基本的时间线和相关概念都没记清楚，肯定跟不上进度。

既然跟不上，那就从基础开始补。我找来这些学科中一中二的课本，从头学起。就这样一边上课学新内容，一边回家读旧课本，到 12 月中四文科的第一次考试，我拿到了不错的成绩，不再垫底。

验证了补习方法的有效性后，我继续这样的学习节奏（其间没有停止打工），过完年到了第二次考试，成绩在全班已经名列前茅，终于有了一点自信——我似乎真的还挺适合学文科的。

中四暑假时，我已经是文科全年级前十名，想要再提高成绩，就要解决英语这个拦路虎。

对香港本地学生而言，英语从小就是必修课，可一直到中四，我连最基本的语法都还会出错。

刚到香港时，我很执着地追问大哥："为什么中文的'是'只有这一个字一个音，而英文的'是'则是'Yes（耶斯）'两个音？"大哥上来就打我一巴掌："笨死了！"——这就是我关于英文最初的记忆。

为了攻克英语，我省下餐费，买了书店里所有关于语法的书，从早到晚研究。即使是哑巴英语，我也每天坚持看、读，还会拉着老师不停问问题。

我一直很爱问也很敢问问题，从来不怕别人觉得我不懂而看不起我。当年香港北角区有个政府物料供应处（现在已经是文化旧迹），墙上挂有"Post No Bill"的标语，意思是"不可粘贴"。我质疑："这个标语的语法不对，没有主语啊！"去问老师，老师说这是习惯用法，我不服，继续找其他例子佐证，幸好老师不会像大哥一样打我一巴掌。

就这样傻学傻问，虽然听力和口语还是落后，但读写追上来了，英文成绩也提高了。

信心一点点积累，在关键的香港中学会考（相当于国内的高考）前两个月，我终于有勇气跟历史老师说我想要拿 A（最好的成绩）。历史老师直言不讳："我们学校开校七年了，从没人考过 A，你怎么考 A？"

我在心里说：为什么不可以是我呢？

跟母亲商量以后，我暂停了几个月的打工，所有时间都用来做往年的真题，一张卷子也不漏地做过去——我的历史终于拿到了 A。老师们都很惊讶，这个曾经成绩很差、不守纪律、背着那么多处分的学生，竟然取得开校七年来最好的成绩。

凭借着会考的好成绩，我一鼓作气，主动申请换到一所更好的中学——筲箕湾官立中学，继续读中六和中七。

刚转到筲箕湾官立中学时，比起本校直升的同学，我水平本来就很一般，再加上中六时白天无心向学，晚上当保安赚钱，成绩很差。

中六暑假我用功赶上进度，中七开学的第一场考试成绩出来，历史科主任莫老师惊讶地通知全班："安迪的历史考卷，是可以作为范本贴到公布栏里给大家学习的，论述题的答案非常精彩，你们可以参考他的思路。"

莫老师毕业于香港大学历史系，从小读名校，讲英语跟外国人一样流利，是当年从高校毕业的那一批特别优秀的老师之一。她称赞我事实把握得很好，并且在此基础上有理有据地展开论述，很有天赋，也很难得。这件事令我得到极大的鼓励，但只有自己才知道，这些所谓的天赋都是通过通读课本、做历年真题练出来的。当然，这也证明这种巩固基础的学习方法是对的，自此我越发努力。

中七考试成绩出来，我拿了全校第一。"文科状元!"朋友和老师们纷纷恭喜我。我自己也不敢相信，因为考试是全英文的。再三确认后，知道我的四门核心科目最终成绩是两 A 两 B，其他选修科目都是 B。这个结果，的确出乎所有人的预料。

以第一名身份结束中学时代，我顺利拿到香港大学文学系和香港理工大学的录取通知书，成为可以进入大学的那 1% 的幸运儿[1]，最终选择去香港理工念商科。

我一直不是个善于考试的学生，也没有天赋。十多年前我去驾校上课，额外让一对一的教练把50多个小时的训练加到70多个小时，考出来的成绩也和其他同学差不多，如果不加时，我很有可能不及格。

如果说我有什么天赋，大概是很早就学会了放弃无谓的自尊心。面对薄弱环节和不熟悉的领域，我会提前假设自己就是个笨孩子、差等生，然后从零开始追分。

回首过去，我受益最多、最感谢的，并不是拿到第一名成为赢家的所谓“高光时刻”，而是我输到底的那一刻——正是意识到自己再也无路可退，才逼迫我把过去清零，找到实现自我的正确方式。

把自己放低，如一个空口袋般敞开，如饥似渴地往里填塞我能学到的所有知识，同时积极发问，请教比自己更专业的人，哪怕对方是我的下属、后辈或者学生。因为人生不是线性发展的，不会一局定终生，以退为进，方能为逆袭蓄力。

“为什么不可以是我?”这是少年时代的负气，也是我一路走到今天，挫折中从未磨灭的一点坚持。

从没有被任何人抱有期待的差生，到考上理想的大学，我看似只花了四年时间，其实“逆袭”的种子，从我12岁来香港时

---

① 在那个年代，香港每年有10万左右的学生打算参加“高考”，其中只有2万人可以读中六和中七，最终考入大学的在1 000人左右，所以大学升学率大约是1%。

就埋下了。

九年里，在这座灯红酒绿的城市，我保持着“学校—工厂—家”三点一线的生活，几乎没有任何娱乐，直到拿到大学录取通知书的那一刻，才终于觉得，好像可以站稳脚跟，放松喘一口气了。

4

目标，如何实现从“想”到“做”

成年人的字典里没有“容易”二字。

- 觉得自己条件比别人差，害怕失败，心里充满对不确定性的恐惧，害怕自己不够好
- 没有时间，忙于各种琐事，回到家已很疲倦，无暇再完成进修计划
- 一天结束时，看着一长串待办事项，画掉的寥寥无几，不知道如何去完成目标

……

有人说，“想到”与“做到”是这个世界上最远的距离。有时这甚至无关起点高低，而取决于我们面对一个具体目标时决定投入的心力。如果被困难及由此带来的担忧束缚手脚，我们总能

找到裹足不前的理由，在抱怨、批评、指责中自我消耗。

转变从什么时候发生？答案是：当你想要（或需要）对你的人生全权负责的那一刻。

两个保安的故事

我有一个习惯：进了酒店、写字楼、社区，会不由自主地观察服务生、保安的工作状态。谁在偷懒、谁随时准备好提供服务、他们有没有遵守规章制度，扫一眼就了然于胸。

有一次我走进我家小区，注意到保安并没有仔细核对访客信息。那是个年轻的小伙子，更多时间在低头玩手机。我停下来，提醒他应该留意进出的人，这是保安工作很重要的一部分，同时也建议他有时间可以多看书，学习一些知识。

保安没有吱声，只点了点头。接下来的日子，他依然如故。过了一段时间，他告诉我要辞职——原来他本就考上了研究生，这段时间做保安，不过是暑假的兼职。

显然，这份工作不会在他的生命中留下任何印记，和用来打游戏、刷朋友圈的时间没什么不同。

我的眼前，浮现出另一个保安的画面：

中六时，我已经 18 岁，白天上学，晚上就到一个高档小区“赛西湖”当保安。

当时我处在一个比较自我满足的状态：两个哥哥已经开始挣钱，妈妈不需要我再贴补家用，我的工资只需负担自己读书和日常开销，一下觉得轻松了很多。手头有了余钱，还可以赌马，花在读书上的时间少了很多。

有一次值班，我正在读赛马信息，一辆奔驰开进来。透过车窗，我看到那是学校里一位教经济学科的老师。

我不想让她看到我在兼职，赶紧把头低下来，直到车开过去也没敢抬头。我用余光察觉到，车开出大概 50 米后停下来，老师从窗口探出头，看向保安亭这边，过了一会儿才继续开走。

第二天正好有她的课。前一天加班到很晚，我没忍住打了瞌睡，老师走到我面前问："你昨天干了什么？"我立刻意识到，她昨天还是认出我了，连忙说："没干什么。"老师没有追问，但我确信她都知道了。为了避开她，我换了一家小区做保安，就这样挨过整个中六。

中七那年，另一位老师找到我母亲，让她做好心理准备：

"你儿子可能考不上大学，该想想毕业后找什么工作了。"

"他还有没有希望？"

得到否定的答案，母亲一路从学校哭回了家。

一开始她对我没有期待，觉得尽早出来工作也可以。可是既然我已经奋起直追，换了三所中学，一度还取得不错的成绩，做母亲的当然希望儿子可以得到更好的教育机会。

看到母亲的泪水，我反思自己过去的这一年，在打工、赛马上浪费了多少时间！而这些时间，我既没有用在好好学习上，也没有用在当好一个保安上。

两个时空、两个保安的画面重叠，让我想起心理学家荣格的一句话："只有当你看清自己的内心，你的视野才会变得清晰。习惯向外看的人，往往一直在做梦；看向内心的人，才会真正醒来。"

年轻时，我们对世界充满好奇，什么都想尝试，东一榔头西一棒槌，看起来生活很丰富，一分一秒都没有浪费，但做什么事都浅尝辄止，结果就是什么事也做不好，半途而废。

我当年做保安时的心态，跟那个小伙子一样：反正是用业余时间打工赚钱，值勤时随便找点事打发时间，"多线作业"也挺好的。但其实，一边看报纸一边留意访客进出的我，视线和思路在不同场景下切换，反而更容易疲倦。

老师在保安亭前回头看的目光，像一把剑，刺穿我的心不在焉，提醒我：你到底在干什么？对你来说最重要的是什么？

如果让今天的我重新选择，那么在经济略为宽裕后，我会用更多时间来学习，哪怕必须兼职做保安，也该干一行有一行的样。做个不思进取的学生或者糊弄将就的保安，是万万不可取的。

实现目标的 3D 法则

日本著名企业家稻盛和夫说，人有三种类型：点火就燃烧的可燃型、点火也不能燃烧的不燃型、靠自己就可以燃烧的自燃型。要想自我燃烧，除了热爱自己所从事的事业，还要抱有明确的目标。

在扫清障碍、实现目标的路上，3D 法则是一个好用的工具。

第一个 D（Direction）代表方向

一般人容易犯的错误是，一旦做出选择，哪怕后来发现不对劲，也会对它做出合理化解释，死撑到底。但某些选择从一开始可能就是错的。选择做对的事，好过把事情做对。如果没有全局观，找不到大方向，就会像跑错方向的兔子一样，跑得越快，离终点反而越远。

这里有必要对“方向”和“目标”做简单的区分。

在我看来，目标是“眼前的苟且”，它具体、明确，比如年薪百万，或者买一套学区房；方向则是“诗和远方”，相对比较抽象，比如活得简单快乐，或者成为一个有影响力的人。

目标就像脚下的道路，方向则是我们心中的罗盘；目标可以调整，方向则是帮助校准的那盏灯。

如何判断方向是否正确？这要回到个人价值观的层面做选择，搞清楚自己的核心价值观是什么。

根据美国社会心理学家米尔顿·罗克奇的价值系统理论，价值观可以分为两类：

1. 终极性价值观，包括个人价值和社会价值，是我们穷尽一生希望达到的理想状态
2. 工具性价值观，是指道德或能力，是我们为了达到理想状态所采取的行为或手段

在此基础上，罗克奇于1973年编制了一份价值观调查表，包

含终极性价值观和工具性价值观各 18 项，用以调查人们的价值观排序。如今这份调查表已经成为国际上应用广泛的价值观问卷。

表 1-1　罗克奇价值观调查表[①]

终极性价值观	工具性价值观
真挚的友谊	雄心勃勃
舒适的生活	心胸开阔
令人振奋的生活	能干
成就感	欢乐
和平的世界	清洁
美丽的世界	勇敢
家庭安全	宽容
幸福	助人为乐
平等	正直
内在和谐	富于想象
国家安全	独立
快乐	智慧
救世	符合逻辑
社会认可	仁爱
成熟的爱	顺从
自由	礼貌
睿智	负责
自尊	自我控制

① 资料来源：https://ijol.cikd.ca/article_60252_90b42e89badceb3ac0fcead9be18d962.pdf

拿出一张纸，对照上表，以在你心目中的重要性为序，把这18项删减到10项，再删减到5项、3项，确保最后剩下的那些价值观是对你而言非常重要、无论如何也不愿放弃的，那么它们就是你的核心价值观，类似下面这样：

表1–2 罗克奇价值观调查表（核心价值观示例）

终极性价值观	工具性价值观
成就感	能干
家庭安全	勇敢
幸福	智慧

除了罗克奇价值观调查表，还有其他的价值观测评形式。我曾接受过其中之一[①]，结果显示，在我的价值观序列中，诚实、合作、公正排在前三，这与我此前的人生选择不谋而合。

第二个D（Decision）代表决定

明确方向后，下一阶段的难点在于，如何面对不确定性及其引发的忧虑、恐惧，做出尽量理性的决定。对此我有两个建议：

首先，停止患得患失。

害怕搞砸了受到惩罚，担心做不好被人看笑话，顾忌别人对自己有什么想法……束缚我们手脚的不是别人，正是患得患失的自己。

---

① 线上测评链接地址：www.viacharacter.org。该网站提供免费和付费测试两种形式，感兴趣的读者可以尝试。

一些同事评价我很会演讲，其实直到现在，每次走上演讲台之前，我依然会紧张，但我有一套让自己尽快从负面情绪中抽离的方法。比如，深呼吸，想象紧张的情绪被自己慢慢呼出去；转移注意力，检查麦克风、投影仪、空调、灯光等事项有没有问题。

训练自己与各种负面想法隔离，能减少不必要的能量消耗，专注于目标。

其次，减少苛责，多一点平常心。

知道这个世界上对你最苛刻的人是谁吗？去照一照镜子吧。

每个人都可以成为自己最挑剔的批评者，即使你内心很清楚自己想要的是肯定、支持和鼓励。一旦察觉到自己对某项任务有消极的想法，请及时把它转化为积极的表述。比如：

“今天的待办事项太多，我不可能都搞定。”可替换成：“如果我现在开始做，搞定一个就少一个。”

“这个决定太重要了，我可能无法承受失败的后果。”可替换成：“最糟糕的局面是什么？就算失败，也有了经验教训，大不了从头开始。”

转换视角，你也可以是自己的最佳激励师。

第三个 D（Dedication）代表奉献，也就是付出

一旦做出决定，就要持续投入你的时间精力。最后这个 D 将决定你的目标能否达成，想要的改变能否实现。

我是个做事严谨的人，凡事习惯亲力亲为。一次 2 小时左右的演讲，我通常要花 20~30 小时去准备（还不算彩排演练）。面试新的公司，会像律师对企业做尽职调查那样，把目标公司及岗位、面试官情况等研究个遍。

白天要忙工作，晚上经常很晚才睡。感觉疲惫时，我的充电方式是描绘美好愿景：想象自己刚刚做完一场精彩的演讲，台下掌声雷动的场景；或者想象面试过程中，带着“这就是我的工作”的自信，征服面试官。

以终为始，想象得到奖励的场景，有助于我们看清全局，增加付出的动力。比如，按计划你应该出去跑步，但今天实在太累，压根不想出门，你可以试着想象自己坚持健身一段时间后，腰瘦了一圈，还练出了马甲线，被同事、朋友称羡。有了美好愿景，当下这点惰性，就容易克服了。

如果说人生是一场马拉松，起跑时没发挥好，比别人晚了一步，没关系，锁定目标，坚持跑下去并享受沿途的风景就是了。快者不一定赢，强者不一定胜，胜利属于瞄准方向并可以坚持再坚持的人。

点燃激情的两个路径

研究表明，一个人从事一项事业的时间越长，天赋就越不重要，而坚持的动力就越重要。换句话说，最成功的人通常比别人坚持的时间更长。能否坚持下来，除了看目标是否明确，还取决于我们内在的动力，即内驱力。

内驱力从哪里找？有两个“路标”。

第一，找到专属信物

多年前，我的母亲要把她积攒了一辈子为数不多的珠宝首饰分给几个子女，问我想要什么。我说，我什么都不要，只要那个剩下 2/3 的金镯子。

这个残缺的物件，对我来说有特殊的意义。

我 12 岁时，母亲变卖了珍藏多年的一只金镯子的 1/3 做路费，才拿到赴港的批文。她的心愿很简单，希望子女能在对岸那个繁华的城市得到更好的教育，有一份体面的工作。

拿到这只残缺的金镯子后，我一直用红布包着，随身携带，提醒自己牢记母亲为子女前途的付出，也提醒自己，不忘少年时受过的挫折。

有人说，生活需要仪式感。成长也一样，找到你的专属信物，它会像一根引线，把你内心的火种点燃。这样的信物可以是一本曾颠覆你认知的书、一个记录你过往心路的笔记本，或者对你有特殊意义的物品。把它放在你触手可及的地方，经常看一看，翻一翻，它会给你力量。

第二，独立做决定

在香港为生活奔波时，我也曾抱怨自己出身不好，运气糟糕；每天打工回家，累得只想躺倒，根本不愿去碰书包；还曾沉溺于赌马、赌博、抽烟等坏习惯，无法改善。

转变，从我意识到必须放弃对他人的依赖开始，源自数次挫败的经历。比如：在中环半山区豪宅的电梯里被同龄人无情打量；决定换个学校好好冲刺中三时母亲的漠然；被老师询问留级后继续学理科还是转学文科时，找不到任何人商量；多次被香港警察粗暴搜身、百般刁难侮辱……

一个人成年的标志，年龄倒在其次，拥有独立意识，知道自己从今以后无法也不必依赖他人，必须以自负全责的态度去做每一次选择，才是真的长大了。

我相信多数人的运气都比我好。如果你家境还行，身边有关心你的家人，比起被迫成长，主动走出舒适区、学会独立做决定的难度丝毫不低。你可以在日常生活中有意识地训练自己：

- 跟家人或朋友一起去餐厅吃饭或去超市买东西时，不要下意识地说“随便”“怎样都行”。认真思考自己“想要”“需要”“喜欢”的物品，在心里排出优先次序，告诉对方你的偏好，不断强化周围人对你作为独立个体的认知
- 成年后，尽量选择到故乡之外的某座城市去读书或求职。离开父母的羽翼，独自面对生活的挑战，会让你得到更快成长
- 工作中遇到棘手的问题时，要在第一时间遏制住求助他人的念头。做好承担一切后果的准备，独立做出决定。用结果倒逼自己调整方案甚至目标，时间长了，你就能独当一面了

第二章

赛道选择：从零开始，化劣势为优势

失去耐心就等于输掉了战斗。

——印度政治家　圣雄甘地

1

职业起点，请选择大公司

最近，妻子向我提起她在看的一档职场真人秀节目：五个优秀的年轻人，共同竞争一个国内红圈所[①]的实习生名额。其中一名选手让她很有感触：29 岁的中小律师事务所一年级律师，学历平平，曾经做过销售，然后辞职考研转型成为律师，路径很像当年的我。和他同期的还有一位大热选手，25 岁的斯坦福大学法学院毕业生，拥有每个律所都愿意给面试机会的简历。

然而，节目最后，两个年轻人都没有获得进入目标律所的入场券。妻子感到遗憾的同时，也觉得好奇：一家顶级律所为什么

① 红圈所（Red Circle）指中国最顶级的律师事务所，由有“法律界福布斯”之称的《亚洲法律杂志》评出。

会对新人如此苛刻？

真人秀注重收视效果，为了营造气氛，有自己的节目运作规则。从我的角度看，无论所在领域如何，只要是行业顶尖公司，就是无可置疑的王座，赢家通吃。

新人为何削尖脑袋也要进入大公司？一些人只看到优渥的福利薪水、优秀的同事、优越的办公环境等，其实顶尖公司给新人的最大财富，是受益终身的内功修炼，包括格局、视野、健全规范的流程制度，以及职业道德的培养等。

一些中小企业对新人的培养，是消耗模式：人招进来，马上就要用起来，自己找活，自己找路。比起个人成长，有的老板更在意你能赚多少钱，用个两三年，“不亏本”就很好了。

而大公司对新人的培养，是投资模式：认准一个人，就打算用你十年二十年，所以舍得投入成本去培训，有一套机制带着你一步步成长。

在顶级律所，新人一般有两年实习期，每半年轮转一个部门。

以我自己带过的新人为例。两年间，员工需要从我所在的中国法律与并购部开始实习，依次轮换到诉讼部、知识产权部、金融部等部门接受专业培训。经历过这样的全流程训练，新人就能熟悉所有部门的工作方式和规范，基本功非常扎实，之后即使跨界到其他行业，也能游刃有余。

我在宝洁时接受过很多培训，比如说服性销售模式（Persuasive Selling Format，PSF）培训，在我成为律师之后，依然受用。像针对客户做计划、观察目标客户、应对客户的拒绝等技巧，我将其平移过来再稍加改造，同样得心应手。

当年宝洁喜欢招大学刚毕业、没有在其他公司做过销售的人，因为他们的培训是“洗脑”式的，最适合像白纸一样的新人。

简单来说，PSF 分七步：

第一步，制订销售计划。销售员先要查看对方以前的下单记录，比如之前入多少货、流量如何、销售如何、现金流如何，然后筹划卖什么东西给他。

第二步，外部观察。抵达店铺后不可以立刻进去，要在店外观察竞争对手在做哪些推广，同时了解当天本公司的推广情况和消费者购买情况。

第三步，货仓点货。进去和老板打招呼之后还不能推销，要对货仓存货有概念——对方上次进的货卖了多少、剩了多少、有多少在柜台展示、有多少在仓库，都要统计好，规划好。

第四步到第六步才进入推销—帮客户下单—收款的流程。

第七步是销售总结，这一步包括备注客户相关信息，比如客户及家人的生日或纪念日等。公司会提供专门的表格，即使销售员辞职，接任者看了记录，也能马上对接。

宝洁除了 PSF 外，还有课程和手册专门教销售人员如何处理客户异议。比如，推销时遇到客户拒绝，只需按照表格上提供的标准问题去问客户，就能知道对方为什么不需要下单，问题到底出在哪里。

在接受宝洁的培训 30 年后，我还清楚地记得 PSF，并经常下意识地运用（看来真的被“洗脑”了）。即使在互联网和数字化的时代，宝洁的PSF还是非常实用，可以在除销售之外的其他领域融会贯通，这都是在中小公司接触不到的财富。

这也进一步说明，不论起点高低，只要有一线可能，我们都应该在职业生涯的最初，冲击最难的堡垒，进你最心仪的那家大所、大公司。

大公司永远会有更多行业翘楚、更优秀的同事、更体系化的培训制度、更多的学习机会，让你没有时间懈怠，周围的环境会时刻提醒你：跑起来，不要掉队。

2

华丽转身，从提升履历开始

按照惯常认知，新人要进入行业内最顶尖的公司，最好的敲门砖当然是顶级大学的毕业证。比如在律师行业，如果你是北大或哈佛法学院的高才生，简历上单这一项，就会让面试官刮目相看。

但以多数人的资质，不是“天选之子”，想要进大厂、大公司，就没有机会了吗？既然我律师生涯的起点明显低于水平线，我的个人经验，或许能帮你突破先天局限。

方案一：高阶逆袭，改良简历

首先你要知道，人生很长，一时受挫，比如高考失利或者选错了专业，你依然有机会反转。

我身边不少事业有成的人，都不是从小一帆风顺、一路“开挂”的。若说他们有什么共同点，那就是离自怨自艾比较远，他们都善用手头的信息、资源，对自己的前进方向及时纠偏。

如果对自己的本科学历不满意，或者本科学的不是法律相关专业，比较有效率的办法是在硕士阶段考一所更好的大学，提高自己学历和专业的含金量。

此时你的最佳选择，以法学为例，国内有北大、清华、人大的法学院，国外则有美国排名前二十的法学院。如果选后者，就读期间能进入法学院院刊编委会，再好不过，这意味着你是法学院最优秀的学生。美国前总统奥巴马、美国前第一夫人希拉里在哈佛、耶鲁就读时，都曾是法学院院刊编委会的成员。

硕士阶段考取一流大学，也会帮你在读书期间获得去顶尖律所实习的机会，一旦毕业，正式进入律所再工作数年，就能实现低起点下的华丽转身。

这条途径也一样适用于其他对学历有高要求的行业：在硕士、博士阶段考取一所专业排名更有优势的学校，在校期间积极证明自己的专业能力，再通过强大的校友圈放大这一点，最终形成合力，就能为你争取到更好的工作机会。

以我工作过的埃森哲为例，其入职门槛高过很多企业，平均录取率不到1%。假如我通过英国法律公开考试后，直接回国应聘埃森哲，哪怕我是那届曼彻斯特城华人考生中的第一名，拿到了二等荣誉，跟哈佛法学院等名校的毕业生相比，依然差距明显。

后来我能加入埃森哲，不仅因为有顶尖律所的工作履历做背书，工作之余咬牙进修获得的北大学位也是坚实基础。

也许有人会说：不是每个人都是“考霸”，能在硕士阶段靠高分逆袭。如果不能通过考试来重塑简历，还有没有其他突围的路径？

方案二：曲线救国，做差异化选择

曾听一位职业生涯规划师分享一个故事：

有个年轻人学历一般，又特别想去一线品牌公司，直接应聘肯定没戏，但他很聪明，转去应聘其供应商，从销售人员干起。因为工作中经常有跟对方公司相关部门对接业务的机会，小伙子又勤快机灵，时间一长，就给对方留下了不错的印象，后来该部门有职位空缺，第一时间便想到他，小伙子也终于梦想成真了。

职场上，努力工作只是基础，聪明地工作才是正途。遇到看似高不可攀的门槛，打破既定模式，曲线救国，从对方最“薄弱”的地方开始攻克，往往会有意想不到的收获。

说回进入顶级律所的秘诀。如果你没法通过学历、履历正面强攻，迂回突破的路径，还包括降格以求，从秘书做起。

对有志者来说，与退而求其次进入一家小公司相比，在秘书岗位上寻求突破，是性价比更高的选择。

第一，职位没有高低之分，大学毕业做秘书并非低人一等。

我做面试官的时候，比较欣赏这样的应聘者：明明学历还不错，却愿意放下身段来应聘秘书，说明这个人谦卑又懂策略，如果谈吐还行又有热情，我愿意给他们机会。

第二，当秘书，是锻炼一个人综合能力的一条捷径。

秘书工作要做得出色，对人的判断力、反应力、沟通能力等的要求并不低。在这个看似“万金油”的岗位上，你有机会熟悉不同业务，对接不同部门和同事，还能向资深律师“偷师”，观察他们如何做事。

最棒的一点是，你比任何人都接近老板。人事上，老板的管理方法、老板对每个人的细致评价，秘书最清楚；业务上，如何调兵遣将、如何统筹项目，秘书可以近距离观察老板从战略到战术层面的部署。

如果你能给老板植入这样的想法“这个秘书日常工作能力强，又有法律专业背景，要不要试试做律师?”，一旦有职位空缺，你的机会就来了。

我在高伟绅律所认识一位律师，招聘之时，她是普通大专毕业的，以她的简历，只可以应聘法务秘书这样的助理职位。她以秘书身份入职后，用业余时间攻读香港大学法律系，一边修学分一边在工作中“偷师”，拿到学历证书后，成功转型为专门服务上市公司的房地产交易律师。

这条捷径也适用于其他岗位，埃森哲就有这样一个“传奇”。我的一位前同事（被戏称为埃森哲的“大内总管”）也是以秘书身份进入公司的，此后五年她工作兢兢业业，跟随公司一起成长，赢得了转岗做咨询的机会。多年后，凭借出色的专业技术和斡旋能力，晋升为埃森哲的全球主管之一。

漂亮的学历、光辉的职业履历固然能给人好的第一印象，是进入顶尖公司的敲门砖，但最终能让我们在职场胜出的，还是专业能力及综合素养。

说到曲线救国，一旦你打破思维桎梏，放弃一步到位的想法，除了去大公司的供应商应聘、去大律所做秘书，相信还会找到其他不错的替代方案。

3

眼光放远，把职业当成事业

如果要给世人眼中的“人生赢家”列个标签清单，大概会是这样：拥有极具竞争力的学历，有一份高薪且体面的工作，具备一定的公众影响力……学历、职业等代表的是“成就”，而“成功”显然具有更丰富的内涵，除了外在标签，还包括内在的幸福感。

真正成功的人清楚这一点：职位和收入并不是工作的全部，如果没有爱上手头的工作，愿意为之浑然忘我、不计回报地投入，再高薪的工作也只是个职业，不能变成值得终身追求的事业。

陈秘书的故事

我是什么时候确认自己喜欢、适合做律师的？很惭愧，并不是我进入律所的第一年。从一开始很实际的考量（更高的社会地位、更多的薪水），到入职后摸不到门道一度想放弃，再到慢慢上手，这个过程花费了整整两年时间。

因为资质平凡，起点低，进入律所第一年，我每个月起码有两次想过“不干算了”。除了来自老板的压力，笨手笨脚的我也经常陷入自我怀疑：我真的适合做律师吗？之前那些成功会不会已经用完了我这辈子的才能和运气？

毕竟，同事们永远聪明、得体、精力充沛，还有很好的出身。而我，完成基础工作便已经累得筋疲力尽，还要面临“就这种实力？”的评判眼光。

这种感受，有点像一个从偏远乡村考上一流大学的学生，世界的光彩陡然绽放眼前，你应接不暇的同时也沮丧懊恼：原来自己拼尽全力的终点，只是别人的起跑线。

我当时的秘书陈秘书给我上了很重要的一课。

她是一位令人钦佩的女性，用了十年，从打字秘书[①]成为法学讲师。但让我印象最深刻的不是她的成功，而是她对法律工作的热爱与坚持。

陈秘书是我们律所的打字秘书，负责把律师们的录音整理为文档。打字秘书工作强度大，需要三班倒，24 小时为律师们提供服务。在那些忙碌的身影中，陈秘书是最辛苦的。她是香港本

---

① 现在科技发达，秘书职能进化，打字秘书已经少见。20 世纪 90 年代的香港，律师都有专门的打字秘书。当时每个秘书就坐在办公室门口，一般会服务两个律师，负责文档打字、安排律师的行程、将各种文件归档等行政工作。

地人，只有中专学历，年纪比我大，头脑也不算聪明。但她有一种特别坚韧的力量：在长达十年的时间里，工作表现出色，并且坚持在工作之余读书。我当时作为单身汉，再难的时候也没有陈秘书难，毕竟她既是妻子又是母亲，还要照顾家庭。

想象一下，一位全职工作的妈妈，既要工作又要照顾小孩，同时每个周末都去上课，一路从法学本科读到博士，最后在香港一家学院做到法学讲师。她承受的压力、付出的辛苦，是常人难以想象的。

陈秘书后来感谢我，说当时我的鼓励对她非常重要，是她能够坚持下来的重要原因。其实，当年我想不到她会读到博士，我更想告诉她，她的努力和不放弃对后来的我才是极大的鼓励。

像我和陈秘书这样两个本来和顶级律所无缘的人，能有现在的一点成绩，除了努力，更多是因为体会到工作的乐趣，从“喜欢”转变成“热爱”之后迸发出激情。是“热爱”的力量，让我们在精英林立的行业里为自己争取到一席之地。

干一行爱一行

几年前，我在印度班加罗尔出差，入住万豪酒店。我在床头柜上发现一份手写的便条，大意为“我是为您做清扫工作的酒店员工，如果您有任何需求和不满，请告诉我，我会改进”。英文谈不上标准优美，却是为客户服务的真情流露。

我当面感谢了这位员工的好意，并保留了这份便条。

我在年轻时也做过酒店服务生，却从来没想过要给客人写这样一封信，请他们帮助改进我的工作。这位员工发自内心想要把自己的工作做得更好，而不仅仅为了一份薪水，即使有一天他因为各种原因转行，相信也会取得不凡的成就。

“干一行爱一行。”这句话看似朴实无华，但经历岁月洗礼后你会发现，它已经把成功的真相说得很清楚了。

获得一份体面的工作、冲刺大公司，金字塔塔尖的位置终归是有限的。求职失败可以从头再来，资源有限就踏实做好手头的事。英雄莫问出处，微薄的薪水、低微的工作，或许是成长过程中硌脚的石块，但绝非成才路上真正的绊脚石。对工作发自内心地热爱并尊重、努力做到极致的人，终将获得他人的尊重，取得属于自己的成功。

正如乔布斯所说：“你要相信，在你的未来，这些点会以某种方式连接起来……做好工作的唯一方法就是热爱自己的工作。如果你还没有找到它，继续寻找。不要安于现状。要有勇气跟随你的内心和直觉，其他一切都是次要的。”

4

迎接挫折，直面恐惧才能不断进步

“安迪，拿着这个，记住它！”

我战战兢兢地被唤住，转身面对他——史密斯律师，律所高级合伙人，我的顶头上司。他是个身材高大的英国人，用威慑力十足的湛蓝眼睛扫了我一眼后，扭头离开。

我打开通知便笺，上面清楚地规定，从今以后只要我在上班时间离开律所，必须签名并交代行程，证明我没有浪费时间。

我的脸瞬间涨红了：没有别的律师被要求进出签到。

通知单拿在手中很轻，我却觉得重若千钧。此时距离我正式加入罗拔臣律师事务所不到半年，这不啻对我律师生涯一份严厉的批评。

我脑中一片空白，强装镇定签下自己的名字，匆匆逃出这座豪华的中环大厦。

挫折是职场“成人礼”

加入罗拔臣律所并不容易。

从英国学成归来后，我本以为很快可以成为人人敬重、备受欢迎的律师，结果发现，完全不是。

在曼彻斯特胼手胝足地苦读了一年法律，我终于在英国的律师协会执业考试中拿到二等荣誉，这也是当时当地华人在该考试中拿到的最好成绩。我踌躇满志回到香港，结果迎接我的不是鲜花和聘书，而是茫茫人海——我竟然不知道去哪里找工作。

其他法律专业的学生知道要提早一两年开始留意工作信息、投递简历、参加面试，而我，本来转行法律起步就比别人晚，找工作也晚，无奈只能奋起直追。

那个年代网络还不发达，我精心准备简历，列出一张理想律所清单，开始奋战。每天一起床，我就开始写求职信，打印好，再一封封邮寄出去。经历过面试、被拒，再写求职信……周而复始数轮考验后，我终于被罗拔臣律所录取，成为一名诉讼律师实习生[①]。

罗拔臣律所是香港一家专门做诉讼的律所，由英国人于20世纪80年代在香港创立，当时办公室在中环都爹利街的印刷所大厦。

身为被罗拔臣律所录用的唯一华人，身处遍地精英的中环，每天都和世界顶尖名校毕业的外国律师共事，我既骄傲又紧张，然而好不容易积累的自信在入职不久就遭到了严峻现实的打击：

我的英文很差，法律意见书写得乱七八糟，不知道怎样和客户打交道，接不到案子，工作时长根本用不完……一系列难题让我焦头烂额，深陷惶恐之中。

律师是按小时收取费用的，我接不到案件，用不完律所指派的时长，只好做法律援助的案子来填补。第一个案子跟工伤有关，后来是谋杀案，需要去警察局找人、去监狱找人、找犯罪嫌疑人、拿证供、去警察机动部队……

但法律援助的案件收费比较便宜，而且我也做得不好，没有给律所挣到钱，就被“发配”到香港西贡区的分所，只服务于老

① 香港律师在拿到律师执照的前两年是实习期律师，之后才能成为正式执业律师。

板一些外国朋友的小需求，负责处理类似租赁和买卖房屋这样琐碎的小案子。

每天我都独自在分所办公室发呆——那里平时少有人去，安静的办公室反衬出我无所事事的焦虑。我默默等待着电话铃声响起，要么就是冒着酷暑去找房屋中介，挨个问有什么租赁和买卖房屋的案件可以交给我做。

这样的窘境持续了大概两个月。我手头没什么新案子，一个人被流放在空落落的分所办公室，孤独如一只离群的鸽子。

更现实的是，每个月薪水较我之前在宝洁少了 1/2，心理落差很大。职业、收入、心理等各方面的压力如芒刺在背，我如履薄冰，怕犯错、怕被拒绝，觉得自己很笨，每天都在挣扎。

因为在分所表现也不佳，我再次被史密斯律师召回总部，每日置身于他严格的视线之下。我甚至想过放弃做律师，随便找个工作算了。

就在这种焦灼心情下，我收到了要求进出签到的通知。

我知道史密斯为什么这么做。因为没有什么重要案件可以做，我每次外出都会顺便留在法院的餐厅，与其他律师多聊一会儿，希望能够学习取经。香港法律界的圈子很小，老板听人说我经常在法院餐厅里跟各路人聊天，以为我在耗时间，就用这份通知来做警示。

史密斯在行业内一向以对事不对人的坦率风格闻名，谁犯了错，他都会毫不留情地指出来。这份通知无异于告诉所有人，我没有管理自己时间的能力，他不信任我。这就像一记清脆的耳光打在我脸上，让我羞愧难当。

我知道没有退路了，必须抛弃恐惧，才能迎来真正的改变。

我列出自己的不足，对照身边优秀的律师，从语言、写作、行为举止等各方面学习模仿，没日没夜地奋战。

有一次在中环办公室，我听见两个打字秘书私下议论我：

“安迪应该待不长了吧？”

“对啊，他给我的录音都有口音，这怎么跟客户打交道？”

录音是当时律所的习惯——律师写文件都不是自己打字，而是口述录下来，再交给秘书打成文件。但我因为英文不好，总是偷偷地自己先手写下来，练好几遍再录音交给秘书，然而换来的还是背后的嘲笑。

时过境迁，今天看来，当时的自己正在经历黎明前的黑暗，虽然根本看不到光亮，却已经放下所谓的自尊，每天被击溃，每天爬起来，把所有时间都用来工作学习。当我直面自己的恐惧，反而开始变得坚定，变得有力量。

做出成绩才能迎来转机

转机来自一个不起眼的小案子。

我当年在宝洁做销售时结识的批发商才哥找我咨询。他批发了一批凡士林，约值 20 万港币，被国际品牌方指认为假货，如果处理不好，才哥不但会倾家荡产，还可能要负刑事责任。

确认才哥是从造假的公司万年福进的货后，我安抚他：“你也是受害人，批发了假货但并不知情，不是故意售假。”之后又跟他详细解释了相关法律条款，以及应诉的基本流程。

之后，我协助我们的资深律师帮才哥打官司，要求万年福为售假一事赔偿 30 万港币。最终他不但获得赔偿，也澄清了名誉。而我不仅赢了官司，给律所带来效益，更重要的是，从这个案子开始，我意识到自己专业技能的价值，赢得了客户信任，也增加了自信。

后来又发生了一件事，让史密斯对我刮目相看。

20 世纪 90 年代初，中国足球协会要和国际管理集团（IMG, International Management Group）签订中国足球联赛赞助协议。当时律所里内地的案件比较少，我又是唯一的华人律师，律所接受委托后就安排我来代表 IMG 参与合同草拟和谈判。

白天在公司谈判，晚上回家继续改合同细则，半夜收到客户回复再接着改，那段日子里，我连轴转地处理这个案子。

当时收发合同全靠传真，打印汉字需要去专门的打字店，格外耗时耗力。1993 年的中秋节当晚，我完全忘记了团圆饭和中秋月饼，坐在冰冷的打字店，跟一起加班的打字人员专心修改合同，合同改好后，已经晚上 11 点了。我拿着打印好的 4 页合同，又跑回办公室，发传真给中国足球协会，因为我承诺过无论多晚，都会当天发给对方。

搞定这一切，走在中环路上，从楼宇间仰望八月十五的月亮，我的心里如圆月一样满足。

历时一个多月，最终合同签成，为期 10 年的赞助费只需要几千万人民币，IMG 转手就卖给了万宝路香烟，轻松赚了好几倍不止。客户非常开心，感谢我的工作，并对我的专业度表达了认可。

这个委托案件给律所带来了业绩和口碑，史密斯律师表达了他对我的赏识——跟当年直言不讳的批评一样，他的称赞也毫不吝啬。

两年实习期结束，同期的两个实习生（我和另外一个英国人）里只能留一个，史密斯选择留下我，我终于成为正式执业律师。

我至今保留着史密斯给我的那张便笺，里面写着："……我知道你有困难，你应该让大家对你有信心，而不是认为你根本搞不定。"它就像一个开关，无论什么时候看到，都能让我瞬间"穿越"到律师生涯的起步期，提醒我不要放松对自己的要求，对年轻后辈也要多一点耐心。

职场中，专业问题上没有人情可讲。自己技不如人，就得不到他人的尊重；业务不精进，就没有向上发展的可能性。我由衷感谢史密斯，不仅感谢他给了我工作机会，也感谢他对我的鞭策，让我成为更好的自己，成为一名称职的律师。

如果有人骂你，就当是往你口袋里塞钱

在罗拔臣律所做了大约两年的实习律师，1994 年，我期待去更大的舞台，于是着手申请精英律所[1]，包括高伟绅律师事务

① 英国律师界有五大精英律所，后来被称为"魔术圈律所"，代表了业界的最高水准。高伟绅律所与司力达律所是其中两家。

所和司力达律师事务所，它们都是拥有两百年左右历史的顶尖英国律所，聘请的律师大多数都是牛津、剑桥、哈佛等一流大学的毕业生。

它们都给了我录取通知。

选择高伟绅律所后，我告诉史密斯自己打算辞职，他挽留了我，我直言相告——高伟绅律所给我的薪水是他给的两倍多。他不再说什么。我还记得当时心里有一点终于扬眉吐气的小暗喜，然而在我确定离职后，又发生了一件事。

史密斯又给了我一张便笺，表达了对我的称赞，并表示会多给我一个月的奖金，"作为对你这两年工作的奖励"。

这张便笺我到现在也保留着，跟史密斯的第一张便笺紧挨着，一起夹在文件夹里。每次看到它们，我就想起妈妈以前经常念叨："儿子啊，如果有人骂你，就把它当作往你口袋里塞钱好了。"

史密斯就是第一位往我口袋里"塞钱"的贵人。

严苛让我真正改变，走出浑噩，走出恐惧，敢于直面压力。

律师行业流行性格测试，不断追问"你是谁"，其中就包含着面对挑衅的智慧。

公开跟你叫板的领导，如果忽略性格上的瑕疵，也许他（她）只是对事不对人，希望你更快更好地把手头的工作完成。就像一枚硬币的两面，我们每个人在不同场景下、面对不同的人，都会展现出"天使"或"魔鬼"的一面。把羞辱和挑衅当成财富，不是阿Q，而是对工作和生活抱一种更积极乐观的态度，最终受益的是自己。

史密斯后来曾担任香港律师会会长，据说有人跟他提到我时，他的评价是："当时是个傻瓜，但刻苦。"

从收到签到提醒，到最终给我奖金，我就这样度过了律师生涯的"一年级"和"二年级"。

要做好明天的工作，最好从今天开始

之后，我每天衣着光鲜地走进50层高的怡和大厦上班，所得已经远远超过少年时的梦想：内地来的穷小子，曾被爸爸带来看这座当时香港最高的大厦，心里根本没觉得自己有资格进来，而现在，我在这里拥有了一个靠窗的位置。这是我职业律师生涯的"三年级"。

没想到刚刚抬头的一点骄傲，很快又被我的第二个贵人击碎。

瓦伦丁律师让我重新落地，又一次看清自己。

怀揣着晋级的兴奋感，我信心满满地递上精心修改了几遍的法律意见，而我在高伟绅律所的上司、律所合伙人瓦伦丁律师粗粗扫了一眼，没有翻页，欻欻欻地随手撕掉，扔进他旁边的垃圾桶里。

"你，做不好律师就不要做了。"

他又上下打量了我一番：

"肌肉练得不错——你不如回健身房吧!"

那一瞬间，我的第一反应是握紧拳头——我真的极度愤怒！

现实是，我默默地把文件捡回去，拼起来，重读了一遍，痛苦地承认它的确破绽百出。

后来我才知道，高伟绅律所对我的录用属于破格待遇，因为他们急需更懂中国的本地律师，只是没想到我的英文水平和法律技巧还很初级，根本无法独立处理案子。很明显，我在罗拔臣律所得到的一切认可都已经是过去，而对怎么做一名符合国际一流标准的律师，我真的一无所知。

我对自己说：从现在开始，忘掉已经获得的荣誉、认可甚至自尊，重新学习。

又一次砥砺前行开始了。

培训不过关，法律技巧也不行，写东西错漏百出，我就反反复复磨炼技巧；写一次不过就再写一次，再不过，写十次，直到老板满意为止。

当时我还在兼读北京大学法律本科的课程，工作日晚上和周末都要拿出额外时间学习。双重压力下，我梦里也在孜孜不倦地阅读法律文件，很多次早上起床时，发现脸上有课本的印子。

我愿意付出十倍的努力，去追平差距。当时就算每天工作到凌晨，我还要不停问："老板，有什么需要帮你吗？"

我不怕吃苦，询问老板是否还有工作也完全出于真心，因为我很佩服瓦伦丁律师，他和我一样每天加班到凌晨，我真心希望帮他排忧解难，以便从他身上学到更多。

“四年级”到来时，我再一次为新的机会做好准备。

我代表法国企业埃尔夫石油化工公司，去广州和中方进行签约谈判。行程非常紧张，白天谈判完，晚上回酒店就开始改合同，再马不停蹄地把英文版传真到欧洲公司。等他们发回来确认，已经是凌晨三四点，可我从来没有任何一天拖拉过。

最后谈判非常成功，基于我表现出的专业度和行动力，埃尔夫指名委托我作为其代表律师，负责其在中国的投资项目。我的案子开始源源不断，一年的咨询时长有 2000 多个小时，平均每笔业务都会给公司挣到几百万港币。

时间到了 1995 年，距离香港回归祖国还有两年，有关外商在中国投资业务的案件开始井喷，香港高伟绅律所迎来了巨大机遇。我还记得当时中国业务法律部的办公室里，电话声此起彼伏，同事们都很忙，文件堆积如山，空气中弥漫着机遇和收益纷至沓来的气息。

作为可以同时对接外资和中方的华人律师，我越来越受重视。在办公室再遇到瓦伦丁律师，他开始频繁对我露出微笑，我也可以笑着当面称他一声老师。

也是这一年，中国民生银行开始筹建。我并不知道，就在八年后，我将会主导一次谈判，和这家银行进行一笔高达百亿人民币的保理交易。

我也不知道，有一天，我会如此怀念职业生涯最初遇到的史密斯与瓦伦丁这两位导师，并由衷地感激——他们是我一生的恩人。

要求高的人，才是你的贵人

初入职场，每个人都会遇到挑战，遭遇“差评”，甚至当众陷入难堪，这是在所难免的情况。

史密斯和瓦伦丁都是天资聪颖的优秀律师，他们的批评训斥，我当时觉得不公平，现在反而能代入他们的视角：一个毛毛躁躁的年轻后辈，明明什么都不懂，却盲目自信，一顿直言不讳的批评才是真正为他好。

职场挑战像登山途中的巨石，迎面滚落，可能把你砸得一蹶不振，也可能让你获得重生，严格的领导正是这样的试金石。对没有天赋和资源的多数普通人而言，要洗刷耻辱、证明自己，除了提升抗压能力，还得憋着一股劲儿去努力，因为“过载”后的自己，才是脱胎换骨的自己。

“过载”，就是把笨功夫做足。每一次我扭转上司的偏见、反败为胜的背后，都是没日没夜的不断努力。就像做案子，谈判桌上的挥洒自如，底气来自案头无数个小时的笨功夫。

脚踏实地拓宽能力边界，就离真正的机会不远了。

如今随着履历的积累，我还是会经常遇到新的挑战，但不再遇到不留情面的人直言不讳地指出我的错误，我需要通过同事、客户或旁人礼貌且隐讳的言行或反应，去揣测、反思自己还有哪些不足。

有时候，我真的有点怀念曾经给我“塞钱”的人们。

第三章

职场进阶：

专业是及格线，也是撒手锏

成长的最强原则在于人的选择。

——英国作家　乔治·艾略特

1

初入职场，三个认知助你快速成长

在 2018 年全美高校和雇主协会（NACE）进行的一项关于职业准备度的调查中，雇用大学毕业生的企业被问及哪些专业能力对职场成功至关重要，在企业的反馈中，“专业精神 / 职业道德”高居榜首，97.5% 的受访者认为这是新员工成功的“绝对必要”因素。

在中国，情况也一样。企业决定是否录用或提拔一个人时，其专业能力永远是排在第一位的考虑因素，这关系到他（她）能否获得有价值的客户或项目，为企业创造更多利润，提升影响力。

日本著名管理学家大前研一有句名言：“专业，是 21 世纪你唯一的生存之道。”如果在职业生涯的初期就有意识地提升自己的专业度，不但能在职场上安身立命，更能为提高职业声誉打下良好的基础。

明确定位，对自己的职业角色有清晰认知

有多少人在初入职场不久后，就能快速、准确、清晰地说出自己的职业角色？

所谓职业角色，不只要从岗位职责、工作方式等字面意义上来理解，更要通过与其他职业的横向与纵向对比，探究这份工作的本质，从而找到它的社会价值。可以说，一个人对其职业角色的理解越深刻，内驱力就越强，职场表现也会越出色。

我的好朋友，金杜律师事务所高级合伙人叶渌，对律师这个职业有一个形象的比喻：律师就像医生。的确，这两个职业在工作性质和要求方面非常相似——医生为人体治病，律师为社会关系治病。如果说处理纠纷的诉讼仲裁律师类似主治医生，非诉讼业务的律师则相当于保健医生①。客户如果听从有经验的“保健医生”的建议和意见，找到好的律师为公司日常规章制度与流程把关，那么这样的客户进“医院”的次数一定会很少。

对医生来说，“江湖郎中”和“名医”在专业度与职业道德

---

① 我是并购和合规领域的律师，我认为我们不是“保健医生”，我们也是“主治医生”，旨在促成商业交易成功并同时做好风险的管控。

上的差异，不言而喻。如何理解自己的职业角色，决定了一个人未来的发展空间。如果律师急功近利，如果医生敷衍塞责，处理“疑难杂症”时，内心没有明确的标尺，对客户（患者）的危害可想而知。

如果你处在其他行业，又该怎么找到自己的定位？答案是：以终为始，透过现象看本质。

假设你在一家出版社做编辑，日常工作庞杂琐碎，既要看书稿、走流程，又要接洽作者、挖掘选题，如果对岗位职责没有清晰的认知，就容易被细节牵着走，每天忙于救火，疏于盖楼。

正确的做法是：明确你的职业目标，以此倒推，考虑为了实现目标，现在应该做哪些事。

如果你希望策划出畅销书，平时就要注意积累作者资源、训练自己对市场的敏感度以及与作者沟通的能力。审读文稿、推进流程虽然也重要，但如果跟核心目标相冲突，适当往后放一放，或委托别人来做，也可以接受。

如果你想成为主编、总编这样的管理者，只会“单兵作战”还不够，锻炼策划能力之外，要有意识地拓展自己在组织内外的人际关系，培养团队协作、资源调度的能力。

如果你不太喜欢跟外界打交道，觉得每天埋头审读书稿也很好，同样能获得职业成就感，那就不妨把外联、社交活动降到最低，专注于打磨自己的文字编辑能力。

人们常说，术业有专攻。一个人的职业定位只要与个人能力相匹配，准确指向职业目标，是自己喜欢的，就是最好的。怕就怕目标不清、定位不明，每天稀里糊涂被一堆琐事推着走，结果领导和同事不满意，自己也没法从工作中得到乐趣或取得成绩，这是职场大忌。

相比学历，学力让职业发展更有后劲

有一次我去高校演讲，一个大三学生举手提问，说自己来自贫困山村，家里为了支持他上大学贷了很多款。虽然毕业后他很想读研究生继续深造，但不愿再给家人增加负担，如果本科毕业就参加工作，去大公司会有竞争力和发展潜力吗?

这是个非常懂事的孩子。我的回答是：如果说学历是必要的职场敲门砖，学力才是决定一个人事业发展前景的天花板。

有条件的话，一口气念完研究生再去工作，择业面会更广。但对这位同学而言，拿到本科文凭在经济上都很吃力，而他又非常体贴家里，这种情况下显然不适合继续深造，更好的选择是毕业后找一份有潜力的工作，边干边学。从长远来看，只要专业知识过硬、业务能力强，随着同龄人之间学历的光环慢慢黯淡，学力的提升同样会让领导、同事、客户刮目相看。

我自己正是如此。中学时就半工半读，本科毕业后一边在宝洁做销售，一边业余进修法律，收入除了养活自己，还能贴补家里。后来拿到北京大学的法律学士，也是通过这种方式。“兼职”学习提升履历，让我看到了未来职业发展的更多可能性。

即便将来不转换行业，在工作中学习，提升沟通与执行效率，也能全方位锻炼一个人的职业素养。往好的方面想，在一个公司工作三年后，你已经成为可以带新人的“老员工”了，而你的同学研究生毕业再找工作，三年后还是新人，哪怕在人才市场，你的竞争力大概率也比他（她）强。

所以，如果没有学历优势，就要通过增强学力建立先发优势。不要在自卑、自怨自艾中度过职场新人期，用心钻研业务，抓住一切机会积累工作经验，同时在学历上充电，过硬的履历加上学历，就能构筑你的职业双保险。

反过来，如果你的学历高，职业起点高，也不要松懈。你进入一家公司后，学历的光环效应将会递减。此刻你跟其他新人站在同一起跑线上，应该继续发挥“学霸”优势，拉开与同龄人的距离。

我从事律师行业近 30 年，法律法规常变常新，我必须不间断地学习新知识，才能跟上时代发展，哪怕我已经是资深律师。

人们到医院看病，本能地会找上了年纪的医生，希望医生有丰富的经验、精湛的医术，是治疗这种疾病的行业内公认的专家，因为生命只有一次，不论吃药还是动刀，在自己身上比画的事，开不得玩笑。

律师也是如此。客户找上门有的是因为权利遭到侵犯，有的甚至就是为了活命，用广东话说，他们是“打着灯笼来找我们”的。越是复杂的项目、棘手的案件，客户越倾向于跟顶级律师事务所、资深律师合作。解决问题不只靠聪明的头脑，还得有丰富的经验，这需要时间的沉淀，尤其是处理重大、复杂案件积累的成功经验，会成为律师的“金字招牌”。

综上，学历代表一个人过去的成绩（综合素养），学力展示了他（她）未来的发展潜力。在职业生涯中持续打磨能力，你才会有竞争力。

“完成”的底线是70分

前一阵，我向下属A交代了三个任务。我说的时候他一直在点头，直到离开也没问我这三件事的优先级怎样、有没有注意事项。过了几天，项目倒是都有进展，但过程中下属A不断向我请示，让我在不同选项里做决定，而不是给出具体建议供我做判断。

工作中，很多人认为我有点完美主义，其实我从不追求完美，因为完成比完美重要得多。不过在我看来，“完成”不是简单把事情做完就成，而是有一定门槛的。

推一下动一下算完成，主动为领导寻找解决方案也是完成；30分、50分算完成，70分、80分也是完成，你要追求哪一个？前者是勉强凑合，后者才谈得上及格。

也许有人会说：我也想把事情做好，但我不知道领导的标准是什么；我已经尽力做到了自己认为的70分，谁知道这在领导眼里却是不及格……

对此我有两个建议：一是不要“猜谜语”，二是不要“捉迷藏”。

先看第一个。如果你认为领导的指令不够清晰，应该第一时间向对方确认，明确项目预期、截止日期等信息。

有时，领导因为时间精力有限，或考虑问题有不同的着眼点，沟通中未必能让下属明确要点。但凡有疑问，你就要积极主动地发问，不要不懂装懂。在确认领导意图方面，“多问”比“寡言”更好，领导要的是结果，是效率，而不是互相“猜谜语”。

再看第二点。向领导汇报工作时，不要“捉迷藏”，要多出主意，少给建议；让领导多做“判断题”，少做“选择题”。

很多人习惯针对领导交办的事项，提供不同解决方案，再一起拿给领导，让对方判断。表面看这是尊重领导意志，给了领导选择的空间，其实是把权力连同责任一起推给了领导——决策对了是领导英明，决策错了也跟我没关系。这就是典型的“打工人思维”。

要在职场快速成长，就要将“打工人思维”转变为“主人翁心态”。考虑问题时，站在领导立场琢磨不同决策的利弊后果，帮助领导做出更明智的选择。比如列出 3 个备选方案之后，给出你的建议，并详细说明选择方案 1 的理由及可能的风险，让领导来把关。

在领导面前展示你的智慧、能力和担当，降低领导的决策成本，你才有机会成为领导的智囊，并终有一天坐到他（她）的位置上。

2

打造个人品牌，五个细节决定成败

我是个凡事习惯多做一步的律师。

平常给新人做法律培训的时候，我会额外指导很多细节：如何穿戴、出差要带哪些设备、怎么跟客户谈律师费……这些法律条目之外的技巧，为什么需要格外重视？因为客户选择律师时，在专业度无法一眼看穿的情况下，他们往往会选择更有职业辨识度的那位。

《福布斯》杂志总编辑史蒂夫·福布斯说："个人职业品牌是你重要的一笔投资。"如果说专业度是做好工作的基础，那么个人职业品牌则是让自己在竞争中脱颖而出的标志。

下面，让我们来说说建立个人职业品牌的五个重要细节。

不嫌麻烦——我的百宝箱

我每次出门见客户或出差，会随身携带一个小的拉杆箱，里面既有文件、合同等必用品，也有笔记本电脑、移动硬盘、纸、笔等必备品。不过我的随身必备品清单，比一般人要长，因为里面还包括一副备用眼镜、一本护照，有时还要准备直播或拍照用的三脚架、修改文件用的打印机、演讲中用的投影仪。

太太经常笑说，我的拉杆箱就像叮当猫的口袋，什么都有。

这绝非多此一举，而是因为我接受了教训。

有一次去国外出差，会议开始之前，我习惯性地亲自检查会议室的投影仪接口，结果发现，它不能兼容我的笔记本电脑。我只好临时放弃在大屏幕上的幻灯片演示，气氛由此变得紧张，效果也大打折扣。

我平时习惯把电子文档打印到纸上看，尤其是重要的合同、文件，只有在细节上反复修改，打印出来后仔细检查，才能避免疏漏。但出差在外，在机场、酒店等公共场合打印文件容易泄密，也不方便，随身携带一个小型打印机，就能解决许多问题。

工作中，很多细节看似多余，关键时刻却能帮忙救场。尤其在职业生涯的中后期，高手之间的比拼，95 分跟 99 分、100 分的差距，就藏在细节里。不打无准备之仗，该考虑到的点就不能嫌麻烦，要随时有“备胎”和预案。

比如，跟客户约谈时，提前打印好相关资料和文件，这样双方落座后就能快速进入正题，无须中途让同事或助理匆匆忙忙来救急；又如，在公司内外做演讲展示之前，把备份文件拷进 U 盘随身带进场，万一演示过程出问题，可快速修复替换。凡事多想一步，防患于未然，体现了一个人的职业素养。

职业化着装，营造工作的仪式感

我很少因为考不好这种事责备两个孩子，但如果发现他们穿戴不整齐、细节处理得乱七八糟，一定会认真纠正。

孔子在《论语·颜渊》中有言："出门如见大宾。"即每次出门办事，都要像迎接贵宾那样恭敬严肃。我很认同。

自我27岁开始当律师后，西装不离身。刚开始妈妈常对我说："不要再穿西装了，你穿来穿去也没那个气质。"想来她也是好意，只是受的教育不多，只懂用激将法来"鼓励"我。

但我并不在意别人对我穿西装的看法，执意要将穿西装变成自己职业标签的一部分，从袖扣与衬衣的颜色搭配，到西服外套的选择，我都会根据不同场合提前考虑。

在客户面前展现职业形象，不只是身为律师的外在要求，三十年西装革履，也内化成我的一套行为规范——随时随地注意自己的言谈举止，表现出专业性；用外在形象树立个人品牌，展现出职业素养。

罗辑思维创始人罗振宇说，为自己创造积极的场景，是一个人塑造自我最重要的手段。因为有些场景，如果我们不去主动营造，在生活中是不会自然存在的，比如崇高感和仪式感。

虽然在互联网时代，西装革履式的精英形象似乎不再受人追捧，就连执掌独角兽公司的老板都穿起了T恤拖鞋格子衫，但我认为，职业化着装是我们跟自己的约定，不随波逐流，对自己从严要求，让外在形象成为内在素养的一部分，有利于赢得他人的尊重和信任。

对于职场着装，不同行业有不同的规定。如果你拿捏不稳，记住一个原则：穿着打扮比周围人的着装标准稍稍高一点，哪怕身处标新立异的时尚圈，也要让自己穿得比其他人更特别一点。

别人都是休闲款，你就在休闲的基础上让着装稍正式一些；别人衣着都比较正式，那就在商务套装里选择剪裁更合体、面料更优质的经典款式。

如果公司规定员工在办公室至少要穿西裤衬衫，那么简单加一条领带或一件西装外套来补充，就能让你脱颖而出又不显得刺目；在正式的商务场合，男性可以穿西裤和衬衫，女性最好穿套装。

除了衣着正式，职场人士保持仪容整洁也很重要。

男性建议以刮干净胡子或保养胡须为目标，定期修剪发型也很有必要。女性则要注意发型、妆容的得体，别让夸张的发色、突出的妆容，掩盖你的专业形象。

更早抵达，更晚离开

担任埃森哲亚太区域和大中华区法律总监期间，我每天的日程从早上 8 点开始。

白天处理亚太区和大中华区的法律事务，到了北京时间下午 4 点到 5 点，即欧洲的早上，欧洲的领导和同事们开始与我联系处理事务。我一般忙到晚上 8 点左右吃晚饭，稍事休息，晚上 9 点开始与美国的领导和同事们沟通或开会，讨论的议题涵盖亚太区、欧洲、北美洲、南美洲和中东、非洲的业务。

这样的“车轮战”下来，我通常要忙到半夜才休息。这么多年来，我已经习惯一天 14~16 小时的工作了。

我并不鼓励年轻人从职业生涯初期就像这样废寝忘食地投入，年轻人应该拥有基本的娱乐和社交生活，但“更早抵达，更晚离开”这一职场原则，还是应该遵守的。

律师工作按时间收费，守时，是对他人的重视。在我们的日程表上，时间精确度要求极高。不管上班、开会还是拜访客户，至少提前 15 分钟抵达现场，让自己稍做调整，也有时间在不打扰他人的情况下做准备。

尤其对职场新人来说，不迟到早退是底线，在公司规定的工作时间基础上，提前至少 15 分钟到岗，延后至少 30 分钟离岗，是最起码的自我要求。更早抵达，能让你举止更从容，以更好的状态开始一天的工作；更晚离开，并不是要做出加班的姿态。你是努力工作的拼命三郎，还是滥竽充数的南郭先生，周围人心里自有一杆秤。在保证工作质量、提高效率的基础上，适当多做一些，帮周围人分担，比如每天下班前，问问领导、同事“有没有什么需要我帮忙”，这对于增进人际关系，提升团队业绩，是有好处的。

避免“八卦”，不在背后议论他人

我在宝洁做销售时，接受过系统的业务培训，拿订单主要靠专业性，跟客户实现双赢，而不是传统的抽烟喝酒攀交情。

当时负责带我的师傅喜欢喝酒抽烟打麻将，有一次我在办公室跟其他同事议论起他的习惯，语带嘲讽，恰巧被他听到，让我非常羞愧，马上道歉。

事后想想，老一代销售人员有他们得心应手的公关技巧，即便日后不适应时代发展，要转变思维和行为方式也需要时间。后来者如果只提问题，不给建议，既有“站着说话不腰疼”的嫌疑，也是不尊重前辈的表现。自此以后我经常提醒自己，在办公场合只谈论专业问题，避免“八卦”；不带解决方案的问题，多提无益。

古人言：“静坐常思己过，闲谈莫论人非。”职场上我们的一言一行都是个人素养和专业形象的反映。要得到别人的尊重，首先要在内心尊重别人，这意味着言谈举止要考虑当下的环境，不谈论别人的隐私，不对别人说三道四。如果认为领导或同事身上确实有需要改进的地方，可通过发电子邮件或一对一沟通，委婉地告知。

公私分明，防微杜渐

宝洁公司曾有这样一条不成文的规定——员工私下外出吃饭的单据在一定额度内可以拿到公司报销，有点像默认的福利，但我从来没有这样做过。当时只有一个简单的念头：现在有单位报销，大手大脚惯了的话，如果将来有一天不在宝洁了，谁来给我买单呢?

不要占公司便宜，是我初入职场就给自己定下的规矩。后来我在北电网络[1]担任法律部主管，公司给所有境外来的高管租了高级公寓，并为每个租户缴纳了保证金。然而退租的时候，常有房东发现室内有地板和家具损坏，因此保证金退不回来。又因为当时北电网络的中国业务快速发展，境外来的高管有几十人，在保证金上的损失就高达300万元人民币。

其实日常生活中的磕碰在所难免，我理解房东的顾虑，也不愿为此扯皮。为了维护公司利益，我直接告诉对方：屋里若有损坏的东西，我个人赔付给你，但我的房屋保证金，请退还给公司。

后来，时任北电网络大中华区首席财务官的陈鸿昌先生与我讨论怎么向各业主追讨这些保证金，我不经意地告诉他，我的解决方法是自己赔偿业主，然后要求业主退还保证金给公司。这让他对我另眼相看，对我的信任度也大大提高，以后凡是重要、复杂的事情都让我牵头处理（包括与民生银行100亿元人民币的保理业务、北电网络在北京中关村电子城的大中华区总部基地建设等），甚至连他私人收藏的一幅价值连城的名画也交给我保管，由此我更加体会到“诸恶莫作，众善奉行”的重要性。

有句老话说，身正不怕影子斜。公私分明，不但是做人做事的本分，关键时刻还能“救命”。

有段时间，我跟着一位健身私教学习，觉得不错，就推荐他

---

① 北电网络当时是加拿大著名电讯设备供应商，由北方电讯、海湾网络在1998年合并而成，曾经是光网络、CDMA、WiMax、IMS、企业通信平台等领域的世界领先供应商。

成为埃森哲工会的健身服务商，为广大员工提供拉伸保健服务。几年后，埃森哲工会为了节省经费决定不续约，没想到这位教练因为创业失败，资金紧张，要挟我帮他解决续约问题，因为他认为我是埃森哲中国的法律总监和董事长，这应该是举手之劳。但我告诉他，埃森哲工会的事情我不可以干预，于是他恼羞成怒，竟然向公司举报我收受贿赂。

埃森哲的企业文化非常注重廉洁，总部因此委托了美国顶级的反腐败律所的北京分所，调查我“受贿”一事。

事实是，这位教练几年前在跟埃森哲工会签约后，的确表示要免收我的私教费用，但我一向不愿占人便宜，坚持账目分明，支付了教练费。他后来又送我一些小健身用具，我也坚决不收，但他趁我不在，将这些用具放在我的办公室。为了不伤害对方的好意和自尊，后来我折算成等额的费用退还他。最终我从银行调取了汇款流水单，一五一十证明了自己的清白。

曾国藩在《诫子书》中说：“能慎独，则内省不疚，可以对天地、质鬼神。人无一内愧之事，则天君泰然，此心常快足宽平，是人生第一自强之道。”慎独则心安，尤其对律师这个职业，我不愿有任何可能触碰法律底线的污点，也常为此面临职业操守与人际关系上的纠结。

妻子曾想找关系给交通违章记录销分，我说服她打消了这个念头，因为再小也是违章，动用人情走后门，只会让自己在错误里越陷越深。

亲戚家中一处房产因为历史遗留问题要打官司，问我能否找找法官开个“绿灯”，我的回答是：“我唯一能做的就是出钱帮你找最好的律师。”

这种认死理的脾气，起初常被家里人埋怨，后来他们慢慢理解：律师是需要极高诚信度的职业。现代法律体系庞杂，专业分工明确，律师的个人品牌与专业口碑、道德紧密相连，公私分明，才能赢得人心。

3

提升演讲力，四步跨越职场分水岭

人在职场，除了专业能力，还需要“放大器”，让行业内外的人感受到你的职业魅力，演讲就是其中之一。

成为律师的第五年，我清晰地意识到自己存在一个“致命”的短板：我更愿意也更擅长埋头于案头工作，在人际沟通，尤其是公开演讲方面比较容易怯场。

在宝洁工作时，遇到每周的销售会议我就紧张，还没轮到我说话，手心已经开始冒汗，自己明明做出了成绩，说出来却干巴巴的，毫无吸引力。而另外一位同事，虽然业绩比我差不少，表达却很自信，总能侃侃而谈，结果上司对他的评价比我更高。

转行成为律师后，我仍然会在跟领导汇报工作、跟客户沟通业务时紧张不已，本来事先下了十足的功夫，临场却方寸大乱，实力只能发挥十之三四，总是事后检讨：为什么又没发挥好？

后来多亏了我在高伟绅律所的严师瓦伦丁的熏陶。有一次我去旁听他在香港律师会的课，他在台上收放自如，逻辑清晰又很有风度。我恍然大悟，暗下决心，要以他为榜样，成为一个善于公开演讲的人。

不要做职场小透明

如果你和我一样有过这些尴尬时刻：开会做的提案无法引起注意；做出了成绩却总是被低估；连吵架都发挥不好，明明占理却被反唇相讥……下面的内容一定能帮到你。

针对演讲技能的训练在西方是一门显学，但在东方文化中，站在台上，用富有激情和感染力的言辞、肢体语言去阐述自己的观点，接受众人目光的审视和评判，并不容易。

普通人跟精英的差距之一，在于能否清晰地公开表达自己，提高自己的公众影响力。

纵观人类历史长河，所有成功的人都善于对他人施加影响。往远了说，丘吉尔的一席演讲，鼓舞了整个英国社会抵抗德国侵略的决心，改变了一个国家的命运；近一些的史蒂夫·乔布斯则是出了名的性格暴躁，难以相处，但他的发布会简直是一场盛宴，从节奏上把观众的胃口吊得很足，饱满的情绪更是贯穿始终，把苹果从一个科技产品升华为一种生活美学。

演讲就像杠杆，能放大一个人的优势，让沟通效率翻番。

人在职场，只有清晰地表达自己，影响和说服他人，才能把事做成。现在回头看，要是我能更早学习演讲，职业生涯的进步会更快。要是我能从埋头干活中偶尔抬起头，除了专业会议，多参与同行业或跨行业的一些公开活动，更多地表达自己，会有更多机会参与或组织一些对法律界有影响力的事情。

要提高演讲能力，我们需要战胜的头号敌人，是自己的畏难情绪。

奥斯卡获奖电影《国王的演讲》记录了这样一段过往：

乔治六世接替爱美人不爱江山的兄长，意外成为英国国王，却时刻处于严重的自我怀疑中。他天生口吃，经过一系列演讲特训，终于用一次名垂青史的演讲，确立了自己在国王这个“岗位”上的职业自信。

我曾在网上看过一个视频，当被问到“如何克服演讲恐惧”，股神巴菲特回答：“有一件事你必须做，不管你喜欢与否，那就是轻松自如地当众演讲。这可能得花些功夫，但这是一种财富，将伴随你五十到六十年之久，如果你不喜欢这样做，恐惧和不适同样会伴随你五六十年，你打算怎么选？”

顺便一提，巴菲特本人在20岁之前也曾经“光是想到要在众人面前讲话，就全身不舒服，是真的到了想呕吐的程度”。

我曾有一位来自伦敦的英文老师辛普森女士，她很有语言天赋，演讲却不行，有舞台恐惧症，甚至到了一上台就会晕倒的程度。我后来邀请她来演讲会跟我一起练习，老师连连摆手：“纠正发音和上台讲话是两回事，你可以克服你的短板，但我宁死也不上台。”

我马上鼓励她："试试看，你肯定可以!"

但她还是拒绝上台讲话。这也让我体会到，字正腔圆地讲话和演讲用到的是不同的技巧，两样兼备当然最好，但如果做不到字正腔圆（我的英语和普通话都带有较重的香港口音），勇敢站到台上练习，也能有不错的表现。

公开演讲，没那么难

种一棵树最好的时间，除了二十年前，就是现在。西方有个说法："当学生准备好了，老师就会出现。"

我在高伟绅律所有一位"学霸"同事陈女士，当我跟她说起自己演讲的短板，表示想要学习演讲时，她马上介绍我去演讲会，因为她的父亲正好是国际演讲会①的资深会员。得到宝贵信息后，我不愿再给他们添麻烦，就自己摸索去找演讲会。当时互联网不发达，我看着地图，找了两次才找到演讲会的活动地址。

当时香港演讲会的老会员中有不少政界和商界翘楚，我第一次去，多少有点忐忑：跟大家交往，我是不是太拘谨了？在这些人面前出糗怎么办？负责接待新人的小伙伴温和开朗，告诉我：来，就对了！

在演讲会学习的五年，我牺牲了包括假期在内的所有闲暇时间。在律所工作之余，每周学三次，参加并组织了大量的演讲培

① 国际演讲会：一个非营利组织，成立于1924年，总部位于美国加州，致力于提高会员的演讲技巧、沟通技巧以及领导力，其成员遍布全球100多个国家。

训，从心态转换到细节把控，反复练习、纠偏。

除了演讲技巧的学习外，其间我从普通的分会会员，做到分会副会长、会长，然后是香港总区的创始会长，学到了非常宝贵的领导和沟通技巧，以及怎么建立自己的影响力。

后来，我与其他会员将演讲会从 4 家扩到 12 家，并使香港各个演讲会成为国际演讲会的有机组成部分，让会员们可以参加国际的演讲比赛，并且竞选国际演讲会的领导职位。同时我们还帮助广州、上海、天津等地的同仁，从无到有筹建了演讲会。

想到内地现在有 600 多家演讲会，每每让我感到欣慰，想不到我们当初的小小愿力和付出，竟然能令演讲会在内地开花结果。

下面是我关于演讲的心得。

第一，脱稿演讲，才有气场

如果用一句话总结我在演讲会期间的收获，我认为除了实战技巧，自己受益良多的是对现场气氛的把控。打个比方，就像巨星开演唱会，只要走上这个舞台，无论下面是 10 人、300 人、5000 人还是 10 000 人，都要展现出王者风范。

我参加过不少高层峰会，发言者都是各个阶层的精英，却似乎习惯了照本宣科，拿着讲话稿从头念到尾，听得下面昏昏欲睡。

有次活动中，台上的一位嘉宾连续念了 20 分钟的稿子，一次也没有抬头看过观众。其实我和他私下有接触，他在专业上有非常高明的见解，生动精辟，却不能在公开演讲中传达出万一，真是可惜。

我理解发言者的顾虑。公开场合脱稿演讲，若因为紧张或不慎而说错话，不但现场尴尬，一旦被媒体传播出去，还会对自己及所在企业产生不好的影响。相比而言，念稿就安全多了，而且周围人都这么做，虽然显得拘谨且不够亲和，但也不至于出什么差错。

可是，我们所见到的那些有感染力、风度翩翩的演讲者，无一不是脱稿演讲的。当你把注意力从稿子上移开，才有余裕关注自己的肢体表达，去与观众建立联结，把所有人网罗在你的气场之下。

“演讲”这个词，可以拆分为“演”和“讲”。

“讲”，顾名思义，注重的是口头表达能力——流畅易懂、详略得当、节奏分明地传递信息；而“演”，则需要配合与讲话内容相称的表情、眼神、肢体语言，这并非可有可无的辅助，而是不可或缺的要素——在“演讲”这个词里，“演”在前，“讲”在后，孰轻孰重不言而喻。

一次成功的演讲，是七分“演”，三分“讲”。讲者的“演技”越高，跟观众互动交流的能力越强，越容易弥补讲话内容在逻辑性、生动性上的缺憾，这就是为什么我们在演讲的时候，一定要挺胸抬头，跟观众交流。一篇精彩的讲稿，讲出彩，才能事半功倍。

第二，放松下来，进入状态

真正的演讲高手，早已接受“紧张就是演讲的一部分”。

美国生物学家格伦·克罗斯顿在《风险的真相》(*The Real Story of Risk*)一书中，从进化心理学角度解析了演讲紧张的成因：远古人类为了生存，必须依靠部落的力量集体行动，共同狩猎、采摘，分享有关食物和天敌的信息，才能存活。作为个体，只有被群体接纳，受到欢迎，才能传承自己的基因。

某种程度上，集体意识源于人类求生的本能，是镌刻在基因里的，所以直到现在，我们依然需要依靠集体生活，从周围人的接纳和认可中获得安全感。

公开演讲这一行为本身，就是把个体置于被集体审视的孤单位置，天然给人一种压迫感，而对演讲失败的恐惧，更让我们忧心忡忡，担心稍有不慎就被批评、抛弃，显得不合群。

现在你知道了，演讲前觉得紧张很正常。如果你有机会在一些名人明星公开演讲前待在他们的化妆间，你会看到，他们跟你一样，也会在登台前紧张得在房间里四处走动，喝不了水，吃不下饭。只不过经过特别训练的他们，知道如何控制自己的负面情绪，确保在上台之后，切换到潇洒自如的状态。

2012 年左右，埃森哲北京的创新实验室举行开幕典礼，当时埃森哲全球首席执行官南佩德先生出席并发表主旨演讲，讲得非常出彩。当时，我亲眼看到他上台之前在隔壁房间四处走动，练习演讲的情景，深刻体会到“台上一分钟，台下十年功”的道理。

1998 年的圣诞节，我感到自己在演讲上已经准备好了，就主动争取主持高伟绅律所的圣诞晚会。这是我第一次在全所同事面前做主持人。虽然事前做了不少准备，走上舞台的那一刻还是很紧张的。

我注意到，当时在律所的150多个律师中，只有不到20个中国人。文化的隔膜，让大家对拉丁乐队的热场伴奏没什么反应，要么愣在原地不肯跳舞，要么在舞池里感到拘束，不知道自己的舞姿是否合适。

我意识到要想让所有人放松心情，活跃气氛是关键，于是在主持人的发言稿中临时加了几句话，表示拉丁乐队的演奏虽然很好，但在我听来，不如迪斯科劲爆，我建议乐队停一下，改放迪斯科音乐。

话刚说完，在场的同事就开始欢呼、鼓掌。在迪斯科的伴奏下，所有人尽情起舞，越来越兴奋，我也把紧张抛到九霄云外，主持越发轻松起来。师傅瓦伦丁笑着向我走过来："Wonderful（做得好）!"

我至今记得那种鼓舞，也把这次公开主持的经历列为我那年收到的最好的圣诞礼物。日后每当我在演讲时感到效果不尽如人意，都会用这次经历为自己打气：放松，演讲者轻松愉快，听众才能进入状态。

第三，用VISA技巧对标成功者

遇到不擅长的事情，我总提醒自己，世界万物皆有规律可循。研究规律的方法之一，就是学习、模仿该领域的"大拿"，看看他们是怎样做的。

马云、马斯克在公开场合的演讲，我看过很多遍。跟普通观众看热闹不同，既然是学习取经，我就抱着看门道的心态，找到视频或讲稿，仔细研究他们怎么处理不同词句的轻重、拿捏说话的节奏，再和我自己的演讲视频做对比，琢磨哪些细节可以改进。

学习、练习演讲二十多年，在博采众长的基础上，我总结了一套很好用的技巧——VISA，用四种技巧的英文首字母组成一个有意义的词，以便记忆。

V 代表 Visualize（形象化）：在演讲开始前，不断想象自己要模仿的那个人在这种场景下会怎么说、怎么做；

I 代表 Internalize（内化）：让这个对标人物的状态和形象，内化成自身的一部分，让自己沉浸在“他（她）在这个场景下会怎么做”的氛围中；

S 代表 Strategize（策略化）：制定规则，分步骤演练，琢磨怎样像对标人物一样，一步步地流畅表达自我，与观众建立联结；

A 代表 Actionalize（行动化）：带着充分的准备和自信，上台演讲。

举个实战例子。自 2020 年 3 月开始，因疫情原因，深圳蓝海中心的培训不得不改为线上直播的形式，但我从来没有做过直播式演讲，怎么办？

我提前三个星期开始琢磨谁是我的对标人物，为此看了几十个法律类的网上直播课程，搜索了很多主持技巧的短视频，学习怎么做主持人。最后，我把目标定为美国有线电视新闻网的主持人理查德·奎斯特、安德森·库珀，以及中央电视台的白岩松，有针对性地花了不少时间揣摩以上三位主持人的风格和气场，这就是第一步“V”，即形象化（想象自己做到了）。

虽然我知道自己不是专业的主持人，也达不到他们的水准，但我可以学习他们的技巧、精神和气场。我甚至聘请了一个专业老师指导我怎么做直播主持，与他一起练习了很多次，纠正自己的不足。

第二步是“I”，我不断提醒自己要沉浸在这三位榜样营造的气场中，几乎像念咒语一般，把得体且自信的气场内化成自身的一部分。

第三步是“S”，我有一套自己开发的独门秘诀，不妨称之为 ABCDEFGHIJ 方程式：

即 Audience Before Content（分析受众画像）、Delivery（构建演讲架构、底层逻辑和我的语言、肢体表达方式）、Enthusiasm（保持激情和能量）、Fun & Humour（保持有趣和幽默）、Goal & Inspiration（确定演讲目标，调动观众情绪）、Joy（让自己及其他演讲嘉宾和观众享受过程和结果）。

到了第四步“A”，直播开始后我时刻牢记要贯彻上述策略，注意语言、肢体动作和声音的综合力量——语言要做到内容丰富、逻辑性强；肢体动作要配合演讲目的，迎合观众偏好；声音则要有感染力和穿透力等。

通过这套 VISA 技巧的特训，跟着对标人物学习和提升自己后，我有一个明显的感受：舞台上演讲者收放自如的每一个动作、眼神，看似没有经过精心设计，其实早已内化成仿若与生俱来的本领，举手投足间，不经意地成就了演讲者的独特魅力。

说到底，演讲能力并非了不起的天赋，只要掌握基本原则和方法，日复一日、年复一年地练习，就能让相关知识融进自己的身体，形成卓尔不群的本领。

另一方面，为演讲做准备时，找到能直言不讳地提出建设性意见的观众也很重要，比如家人、朋友，他们既要对你十分了解，又要有耐心看你排练。

我在香港工作和生活多年，常有人指出，我演讲时普通话不够标准。感谢我的妻子，她是我练习演讲时很重要的“常驻观众”，总是鼓励我更多去关注那些自己做得好的方面：表达的清晰程度、观点的穿透力……有她在身旁，我就觉得心安，知道怎样扬长避短。

第四，重视彩排，“功夫在诗外”

每次做演讲之前，只要场地允许，我都会提前 2~3 小时到现场，熟悉环境，排除意外，这样能减少紧张，带给我“一切尽在掌握”的镇定。

需要提前考察的细节包括：舞台灯光是怎么布置的？有多少台摄像机，镜头在哪里？投影仪、屏幕可以正常使用吗？房间里有没有空调，温度（包括屏幕散热的温度）大概多少，会让我热得冒汗，显得紧张吗？……

我不但自己这么做，遇到重大活动，也建议其他演讲者提前彩排，一起做预演。

有一次，同事不解地说："听说你让某某法官也来参加彩排，她口才很好，工作又忙，可以不用那么麻烦。"一听这话我就有点急了："我不相信有人不用准备也能超常发挥，再好的讲稿我都能改，再好的表现我也能挑出刺来。"后来这位法官如约参加了彩排，我帮她调整了台风，包括说话的语气、节奏等，现场演讲时的效果据说比以往好很多，同行纷纷向她表示祝贺。

舞台上的高光时刻，往往是提前准备的结果。演讲的整体效果，70% 靠事前的充分准备和排练，30% 才是随机应变的临场发挥。我的体会是：只要事前准备充分，现场信手拈来的一言一行都不无道理。

不久前的一次公开课，我就遇到一点意外。虽然按习惯早到了，却被主办方邀请吃午饭，提前踩点的节奏被打乱。

餐后来到现场，我发现讲台和屏幕之间的动线安排很不合理：如果演讲时我回身看屏幕，就无法直面观众；如果我固守讲台，讲台又会挡住我大部分的身体，影响活动范围。

那场公开课在一个可以容纳 500 人左右的会议中心举行。当时，组织方负责人告诉我，在我之前的大多数讲课嘉宾都很难撑起这么大的会议中心，我回答说自己会尽力而为，内心想法则是：无论面对的是 50 人、500 人、5000 人还是 50 000 人，我都会使出自己全部的力量和技巧来讲课。

当时时间紧张，只剩 5 分钟就要开讲，我当机立断——放弃讲台。演讲开始后，为了让观众清晰地看到我的肢体语言，我索性离开讲台，站在屏幕和观众的视线之间。

一切都很顺利，观众的反应也符合我的引导与预期，但讲到最后几页幻灯片时，我忽然忘了一个要点，然后就感到手心在冒汗。得益于多年的控场经验，我深吸一口气，不急不忙地插入一句“让我们再一次注意到……”，装作不经意地用手指向屏幕上的关键词，好像是引导观众看这些要点，其实是给自己找到了“提词器”，顺利衔接。

在轻松的氛围下，演讲的效果得到升华，有了一个完美的收场。

那次我下台后，心里长舒一口气：总算化险为夷。回去后第一件事就是在行事备忘录上标注：下次再接到主办方的午餐邀请，必须婉拒，或者再提前 3 个小时到达现场。

还有一次演讲，我事前准备比较充分，也提前 3 个小时到达现场。主办方是个政府机构，一切比较稳扎稳打，会场设计是标准化的，就是让主讲嘉宾坐在桌子前讲课，桌面上还有一束鲜花。但我觉得这一布置可以改善：首先，我希望站着讲课；其次，我不想有任何东西挡住我的胸膛。

我请工作人员把鲜花移到场边，并将麦克风调高到让我可以站着讲课。对方感到为难，大概从主办方的立场来看，这会影响舞台的美观度。我索性挽起西装的袖子，自己动手，把花束移到另一个位置，并将麦克风调到适合我的高度。

活动开始后，我选择站着讲课，最终效果很不错，主办方和听众都与我握手道贺，说这是他们经历过最棒的演讲之一。

4

应对危机，快人一步化险为夷

2020 年，新冠肺炎疫情在全球的暴发，成为人类进入 21 世纪以来最大的黑天鹅事件①。无论是企业经营者还是个体从业者，在这场席卷全人类的重大危机中，都身陷不确定性的旋涡，无所适从，也无法置身事外。

生活不会按常理出牌，谁也不知道明天和意外哪个先来。面对失业、裁员、破产等风险，我们该如何思考和行动，为自己锻造坚固的“防弹衣”，以度过危机？这是我写这本书时，一直萦绕脑海的一个问题。

根据统计学家纳西姆·尼古拉斯·塔勒布的说法，对待黑天鹅事件，人们往往会花很多精力回顾过去，试图在事后将各个关键节点联系起来，找出预测危机的方法。但是，与其想尽办法阻止黑天鹅事件的发生，塔勒布建议，最好将时间和精力用于复盘事件，总结经验教训，降低单一事件在未来产生灾难性后果的风险。

塔勒布的建议不仅仅是统计学上的结论，更是充满智慧的人生哲理。

在我 30 年的职场生涯中，拥有 25 年跨地区高新技术行业及

① 黑天鹅事件：指非常难以预测且不寻常的事件，通常会引起市场的连锁负面反应甚至崩溃。

电信行业的法律从业经验，其中18年在两家《财富》500强公司、7年在一家国际顶级律所。回顾过去，如果说职场存在“直升机”的话，“危机”和“转机”就像永远在头顶盘旋的两片螺旋桨，不断引领我乘风破浪。手足无措、压力最大的时刻，咬牙扛过去，往往就能赢来转折。所以我常跟公司里的年轻人分享：大大小小的风浪，都是职业生涯的宝贵财富；把“危机”变成“转机”的关键，在于跳出舒适区，拥抱不确定性。

怎么做到？我总结了两个关键词：一是“肌肉记忆”，二是“弹性”。

提前演习，锻炼“肌肉记忆”

“凡事预则立，不预则废。”这句话出自《礼记·中庸》，也出现在《毛泽东选集·论持久战》中，是我时常温习的格言，也令我一生受益。

我在上文提到过自己在A公司反垄断案中的亲身经历，案件的危机公关能快速起效的一个重要基础，是埃森哲内部有一套严密的危机处理机制。

自我担任埃森哲亚太区域和大中华区的法律部总经理以来，每半年就会参与一次公司组织的危机公关演习。虽然没人希望它会被用上，但中国有句老话：防患于未然。通过日常培训与定期演习，其原则与方法已内化为从基层到高层管理者的行动路径，遇到突发事件，这套规定动作在大的方向上，能保证团队上下不出偏差，迅速反应。

比如，当我在电话中要求“启动危机处理机制”，L.H. 马上就明白自己接下来要做的事，包括向哪些人通报事件最新进展，组织哪些人召开危机处理会议，哪些决策链条可以暂时被切掉，哪些信息通道应该快速建立……提前设计应急预案和快速反应机制，就像在锻炼我们的“肌肉记忆”，平时训练有素，危机来临时才能条件反射般地做好规定动作，不至于乱了阵脚。

不只是大公司，建立危机预警机制，训练自己应对危机的“肌肉记忆”，对普通人也很重要。我给自己设计的一套“规定动作”是这样的：

首先，做出反应前，保持 5~10 分钟的沉默。

冲动是魔鬼。人在高压状态下，容易被激发出愤怒、焦虑、紧张等负面情绪。当情绪的洪水漫过理性的大堤，我们就会丧失客观、全面分析事物的能力，做出不合时宜的反应。

遇到危机，我的习惯做法是：深呼吸，用 5~10 分钟清空大脑，保持沉默。

先慢慢地深深吸气，让吸入的空气充满整个肺部，感觉到腹部在胀气，然后慢慢地吐气，吐尽后再吸。这个过程中，把全部意识灌注于气息在身体内外的流动上，几个来回之后，心率会有明显的降低，情绪的风暴也会随之消散。之后把意识拉回当下，就能更加冷静、理性地去分析现状，寻找解决方案。

除了深呼吸，在心里默念或低声自言自语，也能缓解压力，比如“我需要冷静”“一切都会过去”，给自己积极的心理暗示，也能达到同样的效果。

其次，对掌握的信息抽丝剥茧，分辨事实和观点。

重大事件往往裹挟着纷繁复杂的信息。身处旋涡中心，能否搜集并分析关键信息，从中筛选出真正有价值的部分，直接影响到下一步决策和行动的方向和质量。

“疫情导致公司业务锐减，管理层决定裁员，年龄 35 岁以上、绩效考核连续三个月不达标的员工是重点裁撤对象……”

假设你在茶水间听到这样的消息，有何反应？我想多数人会心里一惊，如果自己正好符合被裁的条件，回到工位上肯定坐立不安，没心思好好工作了。但是你有没有想过，“路边社”的新闻，可信度如何？自己能影响多少，又能够改变什么？

我很喜欢《高效能人士的七个习惯》一书中提出的一种区分法：关切圈和影响圈。作者史蒂芬·柯维把每个人都会关心的一些问题（包括健康、子女、事业及世界局势等）称为“关切圈”，把其中个人可以影响或控制的部分再圈起来，称为“控制圈”。

对应到职场中，当你对某些信息感到忧虑时，注意区分它们属于“关切圈”还是“影响圈”，也就是你能否通过自身努力和行动来扭转局势、解决问题。

如果太过忧心“关切圈”，总是追着职场的风吹草动、小道传言，为无法改变的状况担忧，就会陷入被动。把全部精力投注到“影响圈”，则会产生积极效果。

比如，在对号入座之前，搞清楚信息来源；如果消息属实，再去分析众多碎片化甚至彼此矛盾的信息里，哪些是事实（如人力资源部门的客观评审依据），哪些是观点（如主观臆测“某某已经上黑名单了”）；最后，根据事实来确定自己目前的优劣势，从“关切圈”强调的“如果……”切换到“影响圈”强调的“我可以……”。在危机真正来临前做好分内事，好过在患得患失中度日如年。

乐观积极，时刻保持弹性

如果说在危机出现前锻炼“肌肉记忆”是为了形成有益的条件反射，那么在完成规定动作的基础上，如何优化自选动作，就考验着我们的专业功底、应变能力，某种程度上也体现出普通人和高手的差距。早做准备，自然能够快人一步。

高压下的急智产生于乐观的心态

这听起来像老生常谈，但必须承认，乐观就像女巫的魔法手杖，在危急关头能给我们带来自信和力量。

前迪士尼首席执行官、《时代》杂志 2019 年度商业人物罗伯特·艾格在回忆录《一生的旅程》中说，当每个人都在夸赞你时，保持乐观是很容易的。但当你的自我认知受到公然挑战时，保持乐观就困难了很多，也必要了很多。“不要让你的自尊心阻碍你做出最佳抉择。”

对团队领导者而言，尤其如此。“没有人想要成为悲观者的信众。”我在应对 A 公司反垄断案最难的时候，也从不觉得是在孤军奋战，因为我深信团队的支持力与执行力。

对于普通职员，危机时刻看到事物积极的一面，追随领导者的决策，同样是重要的职业素养之一。强敌压境，你是做那个不但不努力贯彻领导决策，反而散播流言、惑乱军心的人，还是全力以赴完成领导交办的任务，为团队摇旗呐喊、擂鼓助威的人？关键节点的选择就像脚下的基石，奠定了你在老板、同伴心目中的位置。

找到破局点，设计行动路线

一个大问题往往是许多小问题的累积，当它们叠加在一起时，我们很难看清哪些是关键点，哪些是细枝末节。

解决方案是把问题化整为零，排出优先级。

比如针对“业绩不好可能被裁员”的危机，短期内要大幅提升业绩比较难。把大问题划分成小问题，需要我们结合手头资源，从不同维度来理解“业绩”的内涵和外延。比如，多拿订单当然有业绩，梳理手头正在跟进的单子，评估合作潜力和风险后，主动放弃那些利润不高但需要耗费大量时间精力的项目，同样有价值。

刚开始工作时，很容易埋头于具体事务和机械性重复劳动，忘记理性分析全局。危机来临时，巨大的压力和有限的资源反而能逼迫人们跳出过往的思维框架和行动路径，找到破局点，在正确的方向上集中资源，解决问题。

当你已有两三年的工作经验，要如何脱颖而出？我的建议是，建立卓越的工作习惯，培养加分技能，打造个人职场品牌。

第四章

延迟满足：

有耐心的人更有韧性

做好工作的唯一方法就是热爱自己的工作。如果你还没有找到它，继续寻找。

——苹果公司创始人　史蒂夫·乔布斯

1

校准目标，警惕虚荣心

一个人的职业选择难免受外在因素影响，比如家庭的期待、行业的繁荣、所学的专业、薪水的高低等。面对别人“你很适合这份工作”的赞许，虚荣心得到极大满足的你，真的喜欢这个职业吗？摒除外界的杂音，你是否有足够的耐心来厘清本心？

我的第一份正式工作，就是个教训。

方向选错，及时止损

我毕业时已经24岁了[①]。结束半工半读的生活，我迫切渴望开启自己的全职生涯。

1990年的香港处在经济腾飞的黄金时代，在整个亚洲位于领先地位，各行各业生机勃勃。找工作的时候，我并没有如今流行的职业规划意识，一厢情愿地认为机会俯拾皆是，迫不及待地想要大展拳脚。

既然学的是商科，我就顺理成章去银行上班。我考进商业信贷银行（Bank of Credit & Commerce，BCC），当时是做管培生，目标直指未来的银行主任。

在BCC期间，我的实习考核在全班30个实习生中排前五名，同期实习的同事都觉得我一定会留下来，家人、邻居也觉得在银行上班是份很光鲜的工作。

看起来我向着银行家前进的路途一片光明。但我很快意识到，我不喜欢在银行上班：每天的工作就是对账，哪怕只差一分钱，不管加班到几点都要找出错在哪里，才能平账。枯燥无味的数字让我毫无成就感，我也完全无法想象自己今后几十年都要跟账目打交道。

外在光环往往会让我们的虚荣心膨胀起来，淹没内心真实的声音——是否喜欢这份工作？能否获得成就感？能否忘我地投入

① 20世纪90年代的香港教育体制沿袭英国制度，中学七年，大学三年。

其中并获得持续的快乐？这些比薪水、职位更能决定工作幸福感的因素，我们很可能还没来得及细想，就在鲜花和掌声中迷失了方向。

多年后想起这一刻我有点庆幸，自己很快就做出了转换跑道的决定——我在BCC做了三个月左右就辞职。这种决断在职业生涯初期相对容易，等到你在这个领域积累了更多资历，转换成本会更高。

有一句谚语说："凡是等待的人都会有好的结果。"说到耐心，人们通常的理解是要学会忍耐、坚持。然而在此之前，关于耐心的第一个关键词，是本心：排除周遭干扰，问问自己是否享受正在做的事；花些时间来确认这一点，一旦发现选错，就及时止损，好过在错误的方向上坚持。

当然，明确自己想要什么，对初入职场的年轻人来说并不容易。对一个行业有深入了解之前，凭直觉和一时好恶下判断，匆忙决定放弃，同样不可取。每一个职业都有缓慢的上升曲线，刚开始"不来电"，后来才发现是"真爱"的例子，也不少见。

虽然我的第一份工作只持续了三个月，但我并不鼓励大家都在这么短的时间内做选择。那么，怎样才能尽快发现自己喜欢什么，把试错的成本降到最低呢？这就涉及关于耐心的第二个关键词：谨慎。

做决定前，扎实调研

发现银行的工作并不适合我，我开始四处翻看招聘信息。这时二哥从《南华早报》上看到广告，获悉宝洁公司在香港招聘销售，他立刻鼓励我去试试。

我很犹豫，我不是一个善于表达和推销的人，这真的适合我吗？

二哥早我一年在香港的广东省银行工作。他一向喜欢研究如何花最少时间获得最大利润，对我的犹豫不以为然："宝洁的销售体系在全世界这么有名，你进去了不用花钱，就能接受最顶级的培训，是你占便宜。"

寻找工作机会、确认职业方向时，资深或专业人士的建议往往很有价值，多请教、参考很重要。当然，这并不意味着不假思索地听从，独立思考，谨慎出手，才能降低选错的概率。

我感谢二哥的信息和提示，不过没有马上照办，我还有自己的功课要做。

现在大家已经习惯了便捷的互联网搜索引擎，但在20世纪90年代，收集资料还需要花费一番功夫。

有了第一份工作的教训，我知道进入一家公司前，不能只看它的待遇和头衔，尽其所能了解它的历史、背景、企业文化和商业构成，才能确认是否适合自己。同时，不要匆忙做决定，不打无准备之仗，要抱持足够的耐心去搜集信息，考察这份工作、这个岗位与自己的能力、期待是否匹配，做好期望值管理。于是，我去香港理工大学的校图书馆，查阅关于宝洁的所有公开资料。

说回招聘。我查到宝洁公司之前在香港的业务一直由李嘉诚的和记黄埔代理，现在要在香港开设属于自己的独立公司，这一批招聘的实习生，培养方向是未来的销售经理。

我知道自己的弱点就是缺乏自信，表达能力不佳，如果能有这样一个顶级公司来帮助自己提升，的确是一个难得的机会。

经历了笔试加五场面试，我收到了宝洁公司的录用通知，每月薪水 6500 港币。在 1989 年，这对一个职场新人而言算是很不错的起点。

初入职场，先学“搬砖”

以销售身份入职的我，在宝洁学到的第一课，是干好体力活。

工作前半年，我深刻体会到销售对一个人体力的挑战。就算是未来的销售经理，一开始也要从跑铺子这样的地推工作做起。如果抱着“我就是来做经理的”这样的骄傲，不肯脚踏实地打基础，经理的位子是坐不稳的。

当时我每天要负责十多个药房的铺货补货，从纸尿裤到洗发水一应俱全，此外还要拿着样品奔走在大街小巷，向潜在客户——药房老板做推销展示，每天风雨无阻。

很长一段时间，药房成了我的办公室：除了本职工作，店里要搬货，我也会去搭把手；有客人进店选购，我就是宝洁全系列产品的导购……经常忙到药房打烊，到家后累得倒头就睡。

入门级工作通常吃力不讨好，常常涉及一些可能不在你理想工作职责清单上的任务。“怎么和我想象的不一样?”会这么问的不止你一个。多数人职业生涯的起步，都是围着复印文件、做会议纪要、跑基层做调研等琐碎的事转，跟想象中在谈判桌上兵来将挡的光鲜，差距遥远。

新人如何面对这种心理落差？首先，退一步，重新解读你选择这份工作前所做的功课，再次确认：为什么是这份工作，为什么是这家公司。只要保持足够清醒，就能时时提醒自己多一些耐心来面对你的选择。

其次，启动“扳道工”思维。扳道工是负责手动改变铁轨方向的人，我们也可以在大脑内设置一个“扳道工”，遇到迎面冲来的新困难、新任务，打破惯性思维，把它“扳”成一次新机会。

比如，帮领导整理简报虽然枯燥，却可以借此知道领导考虑工作的重点方向、他（她）习惯的工作流程和对人对事的看法；帮同事叫外卖、订咖啡有点无聊，却能增进人际互动，借此了解内幕消息或者公司不成文的文化与规矩。

凡事都有两面性，对有心人来说，埋头把领导、同事交办的事做好，哪怕再微不足道，都要相信你可以从中学到点什么。

最后，当不可避免地遭遇挫败时，也可以假设自己是在参加一次新人入职测试，一旦闯关成功，你就能获得晋级，所以要用最佳姿态向领导和同事表明：你配得上这份工作，你有耐心，也值得他们给你耐心。

2

拓展能力，打造B计划

在宝洁站稳脚跟后，我又一次开始审视自己的职业：我要继续做一个销售，然后一路晋升吗？我想要未来几十年都拥有这样的人生吗？

答案是否定的。

乔布斯曾经说："在过去的33年里，我每天早上都会对着镜子问自己：'如果今天是我生命的最后一天，我还会想做今天要做的事吗？'如果连续很多天的答案都是'不'，我就知道我需要改变一些事情。"

当年的我并没有听过"乔帮主"的箴言，但我的想法跟他不谋而合。

不可否认，我在销售工作中成长了不少，自信心、交流能力得到大幅提升，收入也还不错，但我并不满足。入职宝洁时，我的目标很明确：接受顶尖公司的培训，提升表达能力，增强自信。既然目标达到了，下一步怎么走呢？

我希望拥有更理想的职业——律师。

感到迷茫，增加选择项

早在还没离开BCC时，我就开始为法律工作做准备了。

有一天我在《南华早报》上看到广告：香港大学校外课程部的法律专业普通法考试认证在招生，这是一个为希望业余进修法律的人而设的两年制兼读课程。

我在大学时就希望额外念一个这样的法律进修课程，看到这则消息，我立刻打电话咨询，被告知已经满员后，也没有立刻挂电话，而是锲而不舍地问老师："能不能留下我的申请记录？如果扩招请务必联系我。"

这"多余的一步"果然有用。过了两个礼拜，我收到扩招通知，成功报名后开始上课。

不可否认，因为出身底层，我迫切想要改变命运，最初进行职业选择时，律师、金融人士这类众人眼中高薪又体面的职业，特别有吸引力。另一个原因，是我对法律工作所追求的公平、正义心怀憧憬，既然有余力，为什么不趁着年轻，多学一些呢？

后来我入职宝洁，仍然没有中断香港大学的法律课程。即使公司去广州进行团建旅行，晚上我也会谢绝同事去外面逛街和吃夜宵的邀请，8点准时回酒店看书。

职业生涯初期的转型有它的特殊性。毕竟你还没有太多的积累需要舍弃，最困难的部分不是下决心，而是下决心之前，有没有做好相应的准备，从知识储备、资源和能力建设等方面树立信心，去拥抱不确定性。

人们常说，要在水里学游泳。但是把一个毫无经验的人扔进水里，他绝不会自动学会游泳，只会在拼命挣扎之后沉下去。正确的做法是让他先在浅水区适应、练习，克服对水的畏惧，掌握动作要领，然后再在教练的帮助下转到深水区。

转行也是如此。辞职之前，你完全可以给自己一个缓冲期，一边尽职尽责完成工作，一边拓宽能力边界，主动探索一个新领域，系统学习新知识，打造职业方向的 B 计划。

等到需要做出决定时，过去的积累会提供有力的武器——更多的选择权。

关键时刻，破釜沉舟

等到我正式修完香港大学法律专业普通法考试的两年课程，便来到了人生第二个关键路口：如果继续攻读法律，要么在香港大学继续考法律专业资格证书，跟香港大学本科毕业的人一起竞争，要么去英国读一年法律课程，参加英国的法律考试。

选前者，我可以一边在宝洁工作一边备考，算是一条稳妥的路；选后者，我就必须辞职，破釜沉舟。

反复思量后，我选择了辞职，去英国读书。

当时我已经 26 岁，去英国参加律考，再加上两年实习，至少还要花三年才能成为一名正式律师，到那时我已经快 30 岁。其他本科毕业后就参加工作的同龄人，恐怕早就升到了主管位置，在各自领域独当一面了，而我作为新人律师，职业生涯却才刚刚开始……

看起来这是个反常规的冒险决定，但我分析之后认为这是更适合我的路：

从内在素质来说，比起跟人打交道，我更擅长案头准备和分析，所以比起做销售，我内心更想从事专业技术含量更高的工作。

从外部条件来看，光宝洁一家公司就不知道有多少个销售，而当时整个香港一共才几千位执业律师。高风险意味着高回报，如果成为律师，无论是薪资待遇还是职业发展潜力都会截然不同。

同时我心里还有个声音：跟医生救死扶伤类似，律师是用自己的专业知识，治愈社会的顽疾，让企业运转更高效，让这个世界更公平。我希望通过自己的努力，为建设美好世界尽一份力。

拿破仑·希尔在《思考致富》中讲过一个故事，标题是《离黄金三英尺》：

> 一个人发现一块有希望开采出金矿的土地，说服一些亲戚朋友后，他设法弄到足够的钱，购买了开矿所需的机器。但几个星期后，他失去了金矿脉的踪迹。最终他决定放弃，把机器卖给一个废品商，灰头土脸地回家了。
>
> 聪明的废品商没有放弃。他找了一个采矿工程师来查看矿场，经过计算发现，第一个开采者只要再多挖三英尺，就会找到金矿床，遗憾的是他浅尝辄止。最终废品商发了大财，开采出价值几百万美元的矿石。

我不想成为故事中那个半途而废的失败者。经过持续付出、持久忍耐，我确信把B计划“转正”的机会已经来临。

3

积累筹码，让进步可视化

职场爬坡的路上，消耗耐心的不只是我们对成功的迫切，还包括行动过程中的风险和不确定性。

管理领域有一个经典的SMART原则，当行动符合此原则时，人们才会清楚地知道应该如何行动。SMART包括五个要素：S代表Specific（明确化），M代表Measurable（可衡量），A代表Attainable（可实现），R代表Relevant（相关性），T代表Timebound（有时限）。

与之类似，在网络游戏领域，大量数据显示，“看得见的成就”能让玩家玩得更久。职场也是如此，当我们用清晰具体的词语来描述行动路径，让进步可视化，就能增加确定性，积累职业进阶的筹码。

具体而言，我有三个建议：

设定使命、愿景、职业里程碑

在第一章中我提到寻找目标的3D法则：方向、决定、奉献/付出。意思是先瞄准大方向再做决定，然后以坚毅和奉献的精神来扫清路障，实现目标。下面我要分享的是实现目标的具体方法。它不像撰写商业计划书或者制定战略那样宏大，只是我个人的一些实操心得，希望给你一些启发。

“三年内成为销售冠军”“五年内升到主管职位”，如果整体目标比较宏大，很可能失去抓手。把整体目标划分成一个个具体的阶段性目标，也就是设定职业里程碑，就不容易偏离轨道。

这样的里程碑可能是谈下一个重要客户，也可能是做好一个大项目的企划书，或者是获得一个新学位等，无论它们是什么，一旦达到一个节点，完成阶段性任务，都要给自己点赞，比如出去吃顿大餐，或者给自己买个礼物。

或许对一些人来讲，设定职业里程碑比较麻烦：“把手头工作做好就是了，何必去搞什么仪式感?”但我认为，阶段性目标就像马拉松比赛中的一个个补给站，帮助我们专注于当下的任务，为实现下一阶段的目标充电。

但如果只有阶段性的目标，没有使命和愿景，我们很容易因为种种障碍和困难而放弃梦想，所以，设定具体目标之前，我们要设定自己的使命和愿景。比如，近年我来深圳创业，我的使命是帮助中国企业认识国际合规的必要性和重要性，助力企业业务的增长，创造竞争优势，保护企业、员工、品牌、财务绩效。我的愿景是到 2025 年搭建大湾区具有一定国际和国内业务能力的团队，2030 年将大湾区的最佳实践经验推广至全中国。

有了使命和愿景，我就需要做 SWOT[①] 分析，以便知己知

① 即 Strengths（优势）、Weaknesses（劣势）、Opportunities（机遇）、Threats（威胁 / 挑战）。

彼，确定战略目标。以下是我未来五年的战略目标：

- 业务：能够多维度提供契合客户需求的各类合规法律服务
- 专业：实现多维度而精细的覆盖，拥有两个业务领域（如反腐败、数据合规）的领军律师
- 团队：拥有优秀成员 10 人以上
- 口碑：成为大湾区客户遇到重大、复杂合规案件时的首选合作方

基于以上战略目标，我就可以开发客户并建立团队服务客户。客户方面，我会列出一个客户名单，确定开发的优先顺序；团队方面，我会设计团队架构，比如除了我，我还需要聘请一位合伙人、两位高级律师、两位初级律师、两位法律助理。为了实现这些战略目标，我需要制订落地方案，分成半年、一年、两年、三年到五年的阶段计划，然后一步步去推进。

经过这样的切分，我的战略目标就能符合上述的 SMART 原则，同时，我的使命、愿景、战略目标和落地方案也变得非常清晰。这样，我每天一起床就有个明确的目标，激励我埋头苦干，克服困难，一步一个脚印地去实现它。

定期进行自我评估

在埃森哲，员工每个季度都需要做自我评估并与上级领导

讨论，以便扬长避短，同时预估自己离理想的薪酬和职位还有多远。

适时的自我评估可以帮助我们改善计划，并优化之前设定的里程碑方案，我们将由此明确自己目前所处的位置，知道自己离下一个目标的距离，进一步考察下一步计划的可行性。

对于我以上的战略目标和落地方案，我会定期（每个月、每季度、每半年、每一年）进行自我评估和复盘。你可以自行设定自我评估的间隔，可跟我一样按照时间划分，比如每隔一周，或者每隔一个月；也可按照项目划分，每完成一个项目就及时复盘，回顾相关进展。

曾子说："吾日三省吾身。"我自己的习惯是每天临睡前做自我评估总结。平时我会随身携带一个笔记本，看到有趣的内容、想到有价值的观点，随时记录下来，晚上回到家或酒店，就掏出本子，回顾当天有哪些收获，同时回忆工作或生活中有哪些疏漏，怎样改过。

这样的自我反思，最直接的收益是遇到问题，我首先会想是不是自己做错了，而非拍案而起去指责对方。对于工作中的具体疑难问题，经过复盘的条分缕析，我也能看清个中关键，制订更好的解决方案。

不给自己留后路

如前所述，我向宝洁公司提交辞呈后，直属上司真诚地劝我工作一年以后再做决定，那样更稳妥。在他看来，我的表现一直不错，将来公司去内地拓展业务，我会有更光明的前途。

我感谢他的建议，但更稳妥的退路，也会增加我的选择成本。毕竟再做一年，年龄又大一岁，薪水和职位又有提升，我很有可能更舍不得走了，到时候这条退路就会成为我给自己的美好借口。因此，我还是坚持辞职，并主动提出，在接下来一两周内做好交接，其间不拿薪水。

就这样，26 岁时我选择以学生身份从头开始。我不知道自己未来能否成为一个成功的律师，但我愿意义无反顾地投入。

与人相处，可以处处行方便、留后路，但与自己相处，我不想行这个方便、留这条后路，因为这会带来退缩的借口和懒惰的理由。破釜沉舟不一定行，但不赌一把、搏一次，让未来留有遗憾，肯定不行。

两年后，在英国法律公开考试①中，我拿到二等荣誉，是曼彻斯特城华人中的第一名。我赌赢了，我的律师生涯由此开启。

我来深圳创业，很多人都不理解，认为风险太大。过去一年多，经常有猎头公司或朋友介绍我去企业做法律总监或去国内顶级的律所工作，但我都一一拒绝了，因为不想给自己留后路，导致创业时三心二意，什么都做不成。只要我认定了方向，就会做决定，然后全力以赴去拼搏。

---

① 即 LSF（Law Society Finals），律师会执业试认证，只有 5% 左右的人可以拿到一等荣誉，20% 左右的人可以拿到二等荣誉。当时有人开玩笑说，在 LSF 考试中获得荣誉的概率低到跟考宇航员相当。

4

从“咸鱼”到“锦鲤”，三招召唤好运

在金融领域有一种说法：投资金融市场的固有风险永远不可能降到零，危机随时会降临，而大多数金融市场的危机，往往来自投资者的贪婪和恐惧。

人生也是如此。逆流之下，“咸鱼”心态不可取。

很多人羡慕“锦鲤”的好运，但如果你相信世上没有不劳而获这件事，就知道好运绝非凭空而得。处于人生低谷时，请记住投资家巴菲特的箴言：“你能做的最重要的投资，就是对自己的投资。”

在埃森哲工作 13 年，我处理过不少重大和复杂的案件，几乎每隔几年就获得晋升的机会：2010 年成为全球法律部改革委员会成员，2012 年开始担任埃森哲亚太区区域法律服务董事总经理兼大中华区域法律部总经理，2014—2015 年是全球法律部 10 名管委会成员之一，2016—2017 年担任全球法律部战略项目小组联合组长，2016—2019 年兼任埃森哲中国所有法律主体的董事长和法人代表，2017—2019 年是全球法律区域法律部 4 名成员之一。

这样的职场好运从哪里来？分享我一直恪守的三个原则。

原则 1：坦诚，职场通行证

跟乐观类似，保持诚实听起来像老生常谈，但同样知易行难。

一项研究发现，60% 的人在 10 分钟的谈话过程中至少会撒 1 次谎，其中多数人甚至撒谎 2~3 次。虽然所谓“善意的谎言”在情感上可以理解，但它们会产生累积效应，甚至导致恶性循环，损害你的职业形象。

尤其在面对危机时，大量信息鱼龙混杂，泥沙俱下，我们能否以开放的姿态、诚实的做派，去面对上级、同事的问询，处理好与客户、与团队成员的关系，影响到我们对危机的反馈速度和解决效率。

我听说过一个故事：某创业公司为了签下对后续发展至关重要的一份订单，无视产能不足、供应链脆弱的风险，咬牙答应了客户的苛刻条件，结果没能按期交付产品，不但赔付了高额违约金，还延误了客户商机，造成双输的局面。

在处理 A 公司反垄断案时，埃森哲对工商局的每一次配合，取舍难度在哪，风险如何，以及相关细节和进展，我们都在第一时间汇总并告知 A 公司，得到其谅解后，再采取下一步行动。正是这样的坦诚，维系住了企业之间多年建立的信任。

对个人同样如此。我在北电网络工作时，曾私下里告诉一位同事自己是北京大学毕业的，没想到几天后，对方特意告诉我，他去北大校友录上查过，确实发现我 1996 年毕业于北大法律系。这件小事提醒我，做人做事要诚实、严谨，信口雌黄终究会授人以柄。

坦诚，不只是做人的美德，也能通过管理对方预期，提升做事效率。做出承诺之前预判风险，遇到难题直言相告，共同承担压力，也是及时止损的必要之举。

原则 2：主动，挑战不可能

如果说职场真的有好运，那么拥有主动性的人，更容易吸引好运降临。

2010 年，沈居丽女士刚从一家美国顶级律所来到埃森哲担任全球总法律顾问，我主动向她通报埃森哲大中华区的法律和风险情况，表达了愿意帮助全球法律部改革的意向。良好沟通和积极行动，让我在达成改革目标后，顺理成章地成为埃森哲全球法律部改革委员会成员。

2012 年，我担任埃森哲亚太区区域法律服务董事总经理兼大中华区域法律部总经理，也是主动寻求的结果。在拿出让团队刮目相看的业绩的同时，我明确向沈居丽女士表示，希望有更大的舞台，帮助埃森哲规范制度，把控风险。我的坦诚、自信，与拿出的切实方案一起，再一次得到全球领导层的认可。

回溯我在埃森哲晋升的每一步，既是辛苦付出的结果，也是主动请缨处理复杂项目和棘手案件的结果。

也许你会担心，作为职场新人，没什么经验和资源，发挥主动性有效果吗？来看一个真实的故事。

全球顶级拍卖行佳士得，每年在全球招录实习生的名额只有30个，但1999年，这项规定却为一个人破了例。

当时领英等互联网社交平台还没影儿，作为一个大二学生，莉迪娅·芬内特仅仅依靠电话，就向在某次鸡尾酒会上结识的佳士得负责人玛丽·莉比展开了攻势。

每天早上，莉迪娅先在一张纸上写下自己想对莉比女士说的话，包括自己为什么能胜任实习工作以及对自己不利的论点论据，然后深吸几口气，确保通话时声音不会发抖，接着拨通莉比的座机。

在实习生已经满员的情况下，可想而知莉迪娅的努力得到的只有婉拒。但她继续发挥主动性，依然在固定的时间打过去（多亏那时的固定电话还没有来电显示功能），通常她是这样开场的："莉比女士您好，又是我打来的，我是莉迪娅·芬内特。我相信关于今年夏天我想去佳士得拍卖行实习的事，今天我们一定能谈妥。"

坚持之外，莉迪娅开始调整策略。她把沟通重点从"我想做实习生"，转换到礼貌地质疑"为什么实习生名额必须限定为30人"，继而强调，实习生是没有工资的，如果有热情又能干的候选人愿意无偿工作，相信公司的每个部门都会乐意接收。

新一轮攻势得到的回答是：因为实习生每周要出差，公司能承担的食宿费用最多不超过30人的份额。这依然难不倒莉迪娅，她马上表示，自己愿意做一份弹性的实习工作，当项目人数只允许30人时，她就不参加外拍项目了，如果有实习生因各种原因请假无法出差，自己就可作为替补，这样对所有人都是好事……

积极主动，加上得体的言辞和建设性的解决方案，让莉迪娅最终获得了宝贵的实习机会。三个月后，她通过佳士得的面试，获得了一份全职工作，之后二十多年一路晋升，最终成为高级副总裁兼国际战略伙伴关系总监，领导佳士得在全球的600多家分支机构[①]。

在职场上发挥主动性，除了要有明确的目标、锲而不舍的精神，也需要方法和行动计划。新人没有太多谈判筹码，但别忘了，你有大把时间和精力，并且不像已经拥有一定身份、职位的人那样在意薪水和待遇。所以，认准一个目标，就拿出你的优势和诚意去拼一拼吧，说不定也能像莉迪娅那样创造奇迹。

原则3：精进，保持终身学习

如果说学习是改变个人命运的起点，终身学习则决定了我们职业发展的上限。

还是以投资为例。没有只涨不跌或只跌不涨的市场，只有永恒的周期。行家会在多数人贪婪时恐惧，在多数人恐惧时贪婪，并且在股市下跌时当机立断，优化投资组合方式以抵御风险，在股票下次上涨时获益。做到这一切的前提是，不断学习，在实践中积累经验教训。

---

① 莉迪娅把自己在佳士得一路闯关的经历写成了书，中文译名《加分：脱颖而出的13个行为习惯》，已经由中信出版社于2020年出版，感兴趣的读者可以看看。

我最早学的是商科，法律是工作后兼职学习的成果，没想到最终成为我践行一生的职业选择。

年轻时不善沟通，我逼着自己加入演讲会，每周三次高强度的练习，才有了后来在讲台上、镜头前发表演说的游刃有余。

律师工作需要阅读大量文件，为了提高效率，我又学习了诸如影像阅读法等速读法。就在写这本书的同时，为扎根内地发展业务，我还在积极准备粤港澳大湾区律师资格考试。

回顾职业生涯，我从终身学习中获益。通过提升专业能力、提高认知水平，改善了职场表现，增强了自信，这些反过来又激发我更积极主动地学习。

疫情之下，很多人担心“就业环境会更差”。对冲风险的做法，包括利用蛰伏期投资自己，用业余时间考一个新学位、学习一门新语言、掌握一项新技术，等到大环境好转，你就能先人一步抓住机会，甚至把兴趣变成工作，发展出事业选择的 B 计划。

下面分享几个对我而言比较重要的学习方法。

第一，投资时间，而不是一味节省时间

2004 年，有次通勤路上遇到堵车，一个多小时的时间，我坐在后座上心急如焚，除了接打电话，什么也做不了。从那以后，我试着锻炼自己在移动中办公的本事。刚开始在车上看材料、看书会头晕恶心，慢慢就习惯了，现在已经练到可以在车上自如处理文件的程度。

出差坐飞机更是移动办公的好时机。我的习惯是：上飞机前吃一点东西，在飞机上不吃东西，可以专注工作，避免食物沾到电脑和文件。

关于如何利用碎片时间，相信每个人都有自己的见解。不过需要明确：时间管理的核心，并非一味节省时间，而是变“被动消费”为“主动投资”，这样才能拿回生活的主动权。

日本畅销书作家本田直之在《杠杆时间术》中提出，投资时间有三个基本步骤：

- 调查：环视任务全貌，判断哪些事最麻烦，哪些地方比较花时间
- 过滤：按照重要程度排序，合理规划时间（不要过细，预留缓冲时间），预先扣除必要时间，思考怎样推进执行更有效率
- 复盘：建立时间管理手册，记录自己的时间安排（不用过细），着眼于寻找被浪费的时间，设法将其转化为有效的时间投资

学习是一件“反人性”的事，通过上述方法，将麻烦甚至自己不擅长的事“格式化”，形成无意识的动作乃至习惯，就能缓解压力，提高学习效率。

第二，随手记笔记，每日一省

受到曾国藩以日记自省的修行法启发，我习惯随手记笔记。除了工作中的思维火花，日常看到有用、有趣的知识，我也会随时用手机拍下来。

有次去接孩子放学的路上，我看到一则电梯广告：一个卡通小女孩脑边有很多思维气泡——“我可以改进”“错误使我进步”“我时刻学习”……我拍了照片记在笔记中。半年后重读笔记，我在这则广告文案的基础上拓展出关于成长思维的几个法则，用在之后的演讲中，颇受好评。

积累的素材多了，还要注意及时整理，以便加深记忆。

每天，我会在中午休息时或晚上睡觉前，花 15 分钟左右做总结，对当日记录的笔记信息进行整理。它包含两个固定动作：

一是对信息的整理。当天在手机里记录的图文素材，尽量当天就整理完毕。重复浏览、集中检视这些信息，按照重要程度排序，分门别类装进不同的文件夹里，需要的时候才能快速提取。

二是对生活的反思。思考自己当天的表现如何，有没有犯错。有则改之，无则加勉。对我来说，这是一天中难得的独处时刻。如曾国藩所言：“凡人一身，只有‘迁善改过’四字可靠。”

第三，管理精力，提升效率

为了提高效率，很多人提倡每天早起读书、写作，理由是这能让我们在忙碌的一天中赚到宝贵的独处时光，用有限的时间多做一点事。但是，个体的行为模式和习惯偏好存在差异，有人喜欢早起，有人习惯晚睡，效率因人而异。比盲目早起更重要的，是识别自己的能量峰值，找出一天中状态最佳的时段去做最重要的事。

摆出学习的姿态容易，难就难在找到学习的状态。

我平时工作很忙，一般晚上 10 点以后才有整块的时间写书，效率也还行。但有一次，为了核实某个细节，我跳出全屏写作模式，上网检索。尽管目标非常明确，但无意中看到弹窗里有自己感兴趣的新闻，还是忍不住点进去看，然后通过关键词，链接到一篇人物纪实报道，看完觉得过瘾，正好文末附有文章作者的公众号二维码，我又拿起手机扫描关注……回过神来撰稿，已经是1个小时之后了。

比管理时间更重要的是管理精力。投注全部精力，这段时间才能有效率。吸取教训后，我通过下面的方法对写作过程加以改进：

动笔前快速“入戏”。为了对抗拖延症，启动电脑的同时，我会把手机调成静音，或者设成飞行模式，确保自己不被打扰。然后一边整理思路，一边给自己沏一壶茶或冲一杯咖啡——开工前遵循固定的流程，潜意识会给出严阵以待的暗示。

动笔后绝不分心。不管有没有灵感，打开文档之后我都会强迫自己开始打字。用5~10分钟让思绪自由流淌，慢慢地思路会越来越清晰。写作中遇到卡壳的地方，我会停下来喝点水，把视线投向别的地方，稍事休息。除非有特别要紧的事情，在规定的写作时段，我不会翻看手机，或者跳出全屏写作模式，因为一旦被其他信息打扰，要找回写作状态就很难了。

学习也一样。如果你打算每天早起1小时读书，落座后千万别刷手机，东看西看，时间很快就会过去。阅读前给自己来点小仪式，快速“入戏”；阅读过程中排除干扰因素，不随便“出戏”。全情投入的这1小时，才值。

第五章

向上沟通：从打工人思维到合伙人思维

沟通是领导力的真正体现。

——哈佛商学院院长　尼廷·罗利亚

我听过一种说法，一个人的成功，专业知识只占 30%，其余 70% 取决于沟通和人际关系。而和老板的沟通，绝对是重要的职场技巧之一。

《哈佛商业评论》曾刊载过管理专家约翰·科特和约翰·加巴罗的研究，其中有段话可谓一语中的：

> 只要想想这份工作以及如何才能有效地完成它，想想你如何获得你所需要的资源、信息、建议，甚至是继续努力的机会，答案总是指向谁有权力、有筹码——那就是老板。如果不能使这种关系成为一种相互尊重和理解的关系，你就会错过一个有效的推手。

在漫长的职业生涯中，我遇到过很多位领导者，国籍、文化和行事风格各不相同。在和他们打交道时，我犯过一些错，吃过不少苦头。而当我换了位置，成为其他人的上司和老板时，也经常遇到下属出错或者没准备好的情况。

回想自己是怎样一路走来的，我由衷感到，有些沟通技巧如果入职之初就有人告诉我，能让我少走很多弯路。因此这一章我会结合自己的经验教训，分析与领导沟通的最佳方式，以便高效解决问题，从而迈向职业发展的更高台阶，为走上管理岗位做好准备。

1

场景区分：站在老板角度想问题

有一次，我带一个年轻的同事去拜访客户。路上我问他懂不懂英语，因为客户是美国人，见面后我们会用英文交流。没想到同事回答“懂一点儿”，又补充说：“实在听不懂，可以用网络翻译工具。”

他可能没想到，自己轻描淡写的一句话，给我出了难题。在我的字典里，“懂”就是听说流利，如果同事懂英语，我就可以安心跟客户沟通，不用在表达上迁就他的理解力；“不懂”说明他英文不行，我需要酌情在现场切换中英文两种表达，或者干脆换一个懂英文的同事跟我一起。不论哪种情况，我只有对形势有预判，才能提前准备对策，提高沟通效率。

“懂一点儿”之所以让人哭笑不得，是因为我不知道“懂”

和“不懂”的边界在哪儿：只会简单的英文问候，还是放慢语速就能正常交流，或者除了专业术语需要使用网络翻译工具，其他都没问题？如果同事能直接告诉我这些具体信息，而不是笼统地说“懂一点儿”，我才算真的明白了。

这个例子，很好地说明了职场上精确沟通的重要性。很多时候，沟通出问题，并非哪一方词不达意，而是我们主观上认为自己已经表达得很清楚了，对方却依然一头雾水，没有获得他想要的关键信息。

那么，如何提高沟通效率？

沟通方式：以方便他人为目的

有一次，我让下属把一个国际会议的邀请函（包括议事日程）发到日程表上，他可能嫌麻烦，拟了一段程式化的表达后，就贴到微信里挨个发给所有与会者。

我收到后立刻急了：在国际商务会议上，微信并非主流沟通工具，用微信来发正式邀请，除了显得随意，还有很多细节不方便处理。

用微信发邀请函的做法，或许在国内比较普遍，但在涉外场合，要慎重评估沟通效率，综合考虑沟通对象所在的区域、身份、国籍、沟通目标及信息的紧急程度等，选择最合适的方式。

这次会议的与会者有 50 人以上，还包括不少境外人士。邀请函上的议事日程采用的是北京时间，具体到不同国家，对应的当地时间相差多少？若对方收到这份邀请函，还需要自行换算，再建一个日程表，就很麻烦；万一与会者误以为日程表上的时间就是当地时间，更要误事。

下面来看不同沟通方式适用于哪些场景，以及有哪些细节需要注意。

书面沟通（包括电子邮件）：适用于无需马上反馈但需要留痕（即书面记录）的场景，用于阐释相对详细和复杂的信息，方便传阅留存，供将来调查和审计使用。如项目规划书、商务协议、调研报告等，比较适合书面沟通。

书面资料及文件是商务谈判的重要基础，甚至具有法律效力，措辞需要精练严谨。尤其在发送电子邮件时，与工作无关、寒暄客套的话，能省则省。

如果内容多、篇幅长，最好在资料开头撰写一两段提要，行文中注意用小标题提炼重点，以便收件人在时间紧张的情况下快速抓住要点。

电话沟通：适用于事实相对简单，需要即时口头反馈的场景。

有些问题相对明确，电话沟通更直接，但在拨打电话前，要注意预约时间（除非是特别紧急的事件）。提前预约，既显示出你的尊重，也方便双方提前准备，高效讨论问题。

当面沟通（包括视频会议）：适用于需要即时做出口头且正式反馈的场景，可以同时展示、观察事实和参与者的反应。

虽然视频会议能跨地域把与会者联系在一起，但对于复杂的商务谈判，尤其涉及比较敏感的机密信息时，线下当面沟通依然具有不可替代的优势。

微信沟通：随着用户规模的激增，微信已成为职场上最普遍的沟通工具之一，其功能多样，文字、语音、视频等形式几乎都涵盖了。用微信沟通要注意：

- 考虑你的老板（包括客户）是否习惯用微信。不同人有不同的沟通偏好，有人喜欢电话交流，有人习惯书面沟通——选择对方最方便，而不是你最顺手的沟通方式。
- 如果是比较着急、重要的信息，为避免老板收到的微信留言太多而被淹没，当面或电话沟通更有效果。
- 如果信息比较敏感或机密，也不建议用微信沟通。语音留言会被周围人听到，文字沟通一旦被截屏传播，泄密风险很高。
- 用微信传送的图文信息会过期，要养成及时保存、定期整理微信文档和资料的习惯。
- 慎用语音留言功能。语音信息十分考验发件人的表达是否简洁明确，啰啰唆唆、没有重点，且一发就是好几个60秒的信息，让人头疼。语音留言对收听环境的要求也比较高。如果领导在开会、开车，噪杂的环境中无法抓住要点，沟通效率会大打折扣。因此，从节约对方时间精力的角度看，能发文字信息，就不要发语音。

当然，沟通方式的选择也要服务于你的沟通目的。也许老板更喜欢邮件沟通，但如果你想具体阐述一个项目架构或更宏大的计划，不妨主动预约时间，安排一个正式的见面。

沟通原则：坦诚，平等，有始有终

坦诚

沟通中最重要的是坦诚。这不只是说讨论问题要开诚布公，比起不对他人隐瞒事实真相，更难做到的是对自己坦诚。

回到本章开头的例子。我问下属懂不懂英语，他回答“懂一点儿”，或许是缺乏沟通技巧，不知道怎么界定“懂一点儿”，更重要的原因可能是被问到自己的弱项，觉得心虚，认为用网络翻译工具能弥补劣势，结果弄巧成拙。

虽然我已是资深律师，工作中还是会遇到自己不知道的情况、不懂的事项。好在我没有身份、资历等顾虑，能坦诚面对不足，不知道的事情就说不知道，不懂的时候就说不懂，做错了就承认过失。

坦诚帮助我们查漏补缺，提升能力，也是对别人的尊重——对方知道你的不足，才会有针对性地补充更多信息，提高沟通效率。拼命掩饰只会把简单的问题搞复杂，让小问题演变成大问题。

平等

关于沟通中的平等，我的朋友叶渌律师曾用国外的医院打比方：因为医院要对病人的生命安全承担责任，所以他们既要求医生之间平等交流，又要求尊重等级，尊重经验。当中级医生出现时，初级医生就会停止在病人面前发言，当高级医生出现时，中级医生也是如此，让高级医生来掌控局面。

职场同样如此，不论面对的是直属领导，还是其他职级比你高、履历比你丰富的人，要在尊重对方权威的前提下平等交流。这包括两方面：一是在仔细调研、深入了解情况之前，不要随意发表意见，轻易挑战对方的权威，这样既唐突也不礼貌；二是不要因为自己人微言轻，言谈举止就畏首畏尾，这会显得你能力不足、缺乏自信。

虽然就个体而言，人与人是平等的，但从上下级的角度看，职场没有绝对的平等。比如有些涵养不高的领导，会当众批评下属，让人尴尬，下不来台。记得我年轻时，遇到这样的领导，再愤怒也要忍着，连声说对不起，现在的年轻人相对更自信、直接，有时也会跟领导据理力争。你可能会问：这种情况下哪还有什么平等可言？

我的建议是，受到不公正对待时换位思考，既要维护自己的权益，也要把握应对的分寸。

领导也是普通人，犯错、情绪失控在所难免。沟通中如果不小心惹火了领导，不要着急辩解，当面反驳只会让局面不可收拾，毕竟对方职位比你高，你需要保持基本的礼貌。更好的做法是，有再大的委屈先忍耐一下，等领导情绪缓和一点，再找机会跟他（她）讨论细节，过程中注意控制好自己的情绪，多摆事实，少讲观点，给领导留出时间去消化、纠偏。

如果领导做不到虚怀若谷，你每次提意见都于事无补，说明他（她）不值得你跟随，那你就要考虑是否需要申请调换一个岗位，甚至换一份工作了。不过在此之前，也没必要公开叫板领导，让双方下不来台。请记住这句话："德不配位，祸必相随。"虽然你暂时职位比对方低，但风度要比他（她）高——在困境中修炼涵养，好过被对手拖下水。

有始有终

20 世纪 90 年代，我参加香港青年商会时，虽然大家都是志愿者，但我发现有些人开会时讲话特别有力量，有些人却不太引人注目。我就开始观察那些有力量的人，发现年龄、身份的因素只是一方面，他们更重要的共同点是：说话做事有始有终，承诺了的就会去做，结果如何一定是有反馈的。

这段经历对我非常有启发，后来我跟别人交往，但凡答应去做的事，哪怕微不足道，我也会用笔记下来，竭尽所能兑现承诺，让别人觉得我做人做事靠谱。遇到我答应了又难以做到的情况，也会提前告诉对方原因，取得谅解。言而有信，给对方一个交代，将来还可以合作。

沟通必须有来有往，有始有终。假设你给领导提供一份项目企划书，领导授权你去做，做到一半发现推进不下去，项目可能要流产，你会告诉领导吗？还是觉得这个案子不大，领导可能也不关心结果，只要他（她）不问，你没必要主动去说，毕竟项目搞砸了，给领导留下负面印象就不好了。你的这些小心机，在领导面前就像一层脆弱的窗纱。领导很忙，不表示他（她）不关心项目进展，主动汇报跟被动接受质询的性质完全不同。

在跨国公司工作 18 年，我的原则是“No surprise”（不要让老板吃惊），即无论是好事还是坏事，都需要在恰当的时间告诉老板，不要让老板惊讶。好比年轻医生做手术，资深大夫在旁边指导很有必要，做事有始有终，才是靠谱的人。

沟通预案：千万不要临场发挥

跟老板沟通，千万不要临场发挥——这是我曾经的老板，一位世界 500 强公司高管的郑重教导。我深以为然。

假设你是老板，晚上 10 点还在办公室加班，手头有若干文件等你看完拍板。突然一个下属不请自来，说了 10 分钟却吞吞吐吐没有重点，你有何感想？

沟通能力是思维能力的反映。沟通前做好充分准备，临场再加上少许随机应变，会让你的陈述简短而有针对性，避免漫无边际，浪费老板的时间精力。为此首先要做的，是明确我们要解决的问题。

从效果看，沟通需要达到以下目的：

- 与对方建立联系和感情
- 与对方协作
- 希望得到对方的承诺和支持

• 显示自己的优点和竞争优势

进一步拆分，杨洪钧老师提出过一个模型，用 8 个 W 的方式来思考和解决问题，包括：

• Work smart, play smart：工作及娱乐/休闲时都要使用聪明、简单、高效、恰当，以及节省时间的方法。这与人们常说的“努力工作，努力玩耍”不同，因为即使工作时间长也不一定效率高，娱乐时间太多则可能是有害的
• What：什么问题
• Why：为什么有这个问题，为什么要解决这个问题
• Who：谁负责解决问题，谁需要帮忙，谁需要知道，谁需要咨询
• When：什么时候问题需要得到解决
• Why not：是否还有另外一种解决方案（请用 Why not 来时刻提醒自己）
• Where：在什么地方落实
• How：如何落实

除此之外，还要考虑 What not（什么不是问题），Who not（谁与此无关），When not（什么时间不适合解决问题），Where not（不应在哪里落实），How not（应排除哪种解决方法）。下面我以一份报告为例，来分析相关要点。

第一，清晰界定要解决的问题。如果不够清晰明确，说明我对问题的认知还不够，需要做进一步调研再汇报。

假设我作为公司法律总监，要向老板汇报中国某子公司可能存在社保追溯风险事宜。在报告开头，必须开门见山阐释该公司目前的社保缴纳情况及潜在的风险隐患。

第二，阐明该问题对公司业务和战略的影响。这一步最好能将影响量化，让老板能快速、直观地认识到问题的重要性。

仍以社保追溯为例。接下来，我要告知老板，这个问题如果处理不好，企业有 50% 的概率被处罚，罚金加上补缴金额可能会超过 5000 万人民币。然后说明这个数据是怎么得来的。比如，我们研究过相关政策法规，一旦社保部门在调查我公司后发现问题，会追溯过去 10 年的数据，我们测算过风险，同期其他企业最多缴纳了超过 2 亿元人民币的罚金和补缴金额，并影响了口碑和员工信任度。

第三，指出处理问题的优先级和收益。说明这个问题跟其他待办事项相比，紧急性与重要性如何，帮助老板排定行动优先级。

这一步，我会强调在当前国内加强社保审查管控的局面下，这件事若不优先处理，罚金加上补缴金额可能高达 2 亿元人民币。如果处理得当，金额也许能从5000万减到2000万元人民币。

第四，给出解决方案。列出什么样的近期行动方案和长期行动方案有利于解决问题。

这一步，我会提出建议：调整公司相关政策，短期内尽快按照国家规定足额缴纳及补缴社保，未来则以总工资而非基本工资为基数，为员工核算社保金额，以彻底规避处罚风险。

第五，说明解决成本。阐明需要公司在哪些方面（如人员、资金、设备等）做多大规模的投入，方便老板做出判断和选择。

最后，对具体行动步骤和相关成本做一个梳理。比如，从公司法律部抽调三个人成立专项小组，尽快排查分公司近十年内不符合社保规定的样本情况，了解违规比例是多少，以解决燃眉之急。从长远来看，我们法律部会拿出整改公司社保体系的基本方案，定期对此进行风险控制，同时聘请外部顾问，研发新工具，确保日后在做工资及社保数额测算时更加精准。

理解了跟老板沟通背后的思维方式，不论是书面还是口头的工作汇报，都可以采用如下基本格式：

- 需要解决的问题
- 基本背景的描述
- 结论和建议
- 附件（如有）

如果你的报告不涉及复杂项目或重大问题的阐释，汇报模板也可精简，保留以下几个要点即可：

- 背景：（1）界定问题；（2）撰写报告的目的
- 概要：（1）描述问题；（2）提出解决方案

需要注意，我们的汇报是为了让老板抓住重点，明确症结所在，帮助他判断形势，快速决策，所以能用 3 分钟说完的话，就不要拖到 5 分钟；能用 1000 字写清楚的内容，就不要扩展到 5000 字。

沟通失败：寻找问题所在

设想一下：你兴冲冲去跟老板汇报工作，话还没有说完，对方已经流露出不耐烦的表情。你心想大事不好，又不敢停下来问老板到底是怎么想的，只好硬着头皮往下说，结果这次沟通在尴尬的氛围里草草收场。

沟通是一门大学问，除了必须表达精准，沟通效果也受双方身心状态、问题严重程度、认知差异等影响。下面是我总结的影响有效沟通的几个因素，听上去都是常识，执行时却常掉链子。

第一，沟通双方的身体与情绪状态

有一次，一位同事看到我晚上 9 点还在办公室，就过来敲门。其实我当时已经很累，只想早点把手头的事情做完，回家休息。他没有预约，贸然闯进来，都这么晚了，我不知道他是来讨论工作问题还是来聊天的，心里其实不太舒服。出于礼貌，我寒暄了几句就请他出去，明天白天再找时间沟通。

你和老板只要有一方身体不太舒服，就要避免讨论重大事项。只有在双方身体健康、精力充沛的情况下沟通，才会有良好反馈。通常，上午 10 点或下午 3 点讨论重大事项比较合适，此时人的体力和精力比较旺盛，更容易集中精神。

讨论重大问题时，老板情绪不好你却没注意到，非要撞枪口，注定不会有好结果；反过来，若是你当时情绪不稳定，不仅表达容易出现漏洞，更会给老板留下不好的印象。

第二，沟通的环境

我以前跟人谈事情喜欢约在公司，预订一到两小时会议室，就事论事。最近一位企业家朋友约我去茶楼，环境很好，我们一边喝茶一边谈，不知不觉聊了七八个小时。

人是受环境影响的，选对环境和场合，会令艰难的谈话事半功倍。跟工作场所不同，茶楼里安静、轻松的氛围，更容易让双方放下戒备，有助于加深了解、建立信任。

这也是为什么一些互联网公司，老板没有独立的办公室，跟员工坐在一个大开间里办公，从座位设置上就营造出平等对话的氛围。

埃森哲的办公环境颜色丰富，让人放松，并且都是玻璃隔断，所有人的工作状态一览无余，同样是在拉近领导与下属、员工与员工之间的距离。

还有一些企业有让人垂涎的休息区和茶水间福利，精品咖啡、饮料零食等一应俱全，员工可以随意享用。置办这些物品成本不高，却能让员工随时给身体充电，也让大家在茶水间里停留得更久一些，彼此分享工作进展、加深了解。

第三，沟通双方的背景及认知差异

沟通的基础是求同存异，小到语言表达方式，大到认知乃至文化的差异，都会影响成败。

1. 语言环境（包括表达方式、用词习惯、语境等）

几年前，埃森哲在中国打算合并两家公司。我从法务角度提出的建议是：“在合并前需要对接并调和两家公司不同的社保机制，进行并轨，以免引发员工不满，招致社保部门过问。”

我把意见写成邮件发给负责相关业务的领导，但对方有不同理解，还将电邮转发给一位全球级别的高管，并解释为我说不可以合并。这令对方很不满意，认为我的意见不准确，在十多人的领导会议上狠狠批评了我一顿。

在这件事上，我犯的错是用词不够谨慎。如果我在电子邮件正文开头，先写明“合并可以进行，但建议优先考虑不同社保机制带来的法律风险”，就不会引发一系列的沟通误会。

2. 文化差异

在埃森哲全球法律部改革期间，一次面向全球高管的汇报演讲由我负责。

我在国际演讲会学到的是美式演讲风格，即声情并茂，灵活运用肢体语言。结果高管中的美国领导都非常欣赏我的演讲风格，但英国领导则相反，因为英式演讲风格更平淡隽永，没有太多的肢体语言。

这件事给我的启发是，如果我保留声情并茂但适量减少肢体语言，就可能同时赢得英美两国高管的赞赏。从此，我在演讲开始前，会格外注意听众的背景身份，因人而异地调整演讲风格。

在国际化大公司，文化上的差异很明显。比如，中国人常说“回头给你电话”“下次请你吃饭”，在我们的语境中，这些是表示客套，但如果外国朋友听到，直接点的会追问“具体是什么时候”，含蓄点的等了好久都不见你约他（她），可能会觉得你言而无信，反而留下坏印象了。

3. 认知差异

我刚进入律所时，也有年轻人做事毛躁、盲目自信的小毛病。被领导批评，表面毕恭毕敬，心里很不服气。被现实粉碎了很多次，才慢慢意识到领导看问题的角度，跟下属是不一样的。

工作中我们如果只盯着自己的一亩三分地，不关心整体和全局，就容易滋生“我明明没有做错，领导为什么还不满意”的怨气。

不只是上下级，一个有二十多年经验的律师，与一个入行才两年的新人，对同一个案件或项目的认知，也可能有非常大的差异。有时候，我们只看到一个点，老板（高手）能看到一个面；我们只看到一步，老板（高手）可能看到三五步。认知差异源自经验、格局上的差异。

现在的我会告诉当年的自己：如果被批评，先假设领导说的没错，从自己身上找原因；实在找不到，也别把责任都推给领导，想想他（她）交代我做这件事的目的是什么，在我看不到的环节是否有什么变数……养成这种思维方式，你离做领导的那一天也就不远了。

2

性格分析：应付“难缠”的领导，如何对症下药？

有效倾听是清晰沟通的关键，快速了解、适应不同的领导风格，才能采取正确的沟通策略，得到老板的赏识。

四种领导风格与相应的沟通策略

我在职场中遇到过各种风格的领导，总结下来，大致有以下四种类型：

表 5-1　领导者风格类型

风格 1：行动导向	风格 2：程序导向
What（什么） • 结果 • 目标 • 达到 • 干吧	How（怎么） • 策略 • 组织 • 事实
风格 3：概念导向	**风格 4：人文关怀导向**
Why（为什么） • 概念 • 理论 • 创新	Who（谁） • 沟通 • 关系 • 团队

风格 1：行动导向

这是最常见的领导类型。这种领导最直接，沟通要简洁明确，快速指出问题并给出解决办法。沟通关键词是：简单，务实。

- 将结论放在前面
- 阐述 2~3 个支撑性的观点
- 将背景材料放在最后

风格 2：程序导向

这种领导注重程序正义，需要下属能以完整的逻辑阐述问题。律师职业就是一种典型的程序导向，沟通关键词是：准确，强调事实与逻辑关系。

- 将背景材料放在前面
- 指出问题
- 给出意见
- 提出建议

风格 3：概念导向

这种领导对前沿技术、新兴概念、理念等比较敏感，习惯以概念驱动来制定战略、整合资源。很多新兴互联网公司的领导者都偏于这种类型，最典型的是太空探索技术公司（SpaceX）总裁兼创始人埃隆·马斯克，他提出的“火星移民计划”就是典型的概念导向。

针对这种灵感四射、天马行空的领导者，沟通关键词是：概念，相关性。

- 指出问题与大概念的关系
- 强调概念的独特性
- 将概念本身与其对将来的影响联系起来

风格 4：人文关怀导向

这类领导通常更重视经验、价值和人文关怀，沟通关键词是：非正式，强调和谐的人际关系。你需要提供更权威的人和更多经验来佐证你的观点。

- 将比较长的问候语放在前面
- 指出方案和相关人的关系
- 强调方案以前成功过
- 表明方案得到德高望重者的支持

认识到不同领导风格的差异，才能准确切换与之沟通的模式。我刚从高伟绅律所跳槽到北电做法务的时候，就碰了这样的钉子。

律师写文件都是程序导向，沟通是对外（客户）的，需要把背景材料放在前面，这也是我在律所习得的方式。但进入北电后，沟通转为对内，领导对于企业现状已经了然于胸，更想看到怎么行动、怎么解决问题。这就要求我从程序导向转变为行动导向的沟通模式，写文件要先写结论和解决办法，背景材料放在后面，以备参考（而不是不写）。

需要注意，这四种风格并非泾渭分明，有的领导会同时具备四种风格的成分，哪一种的比重较高，很难马上判断出来，需要几个月到一年的时间去互动，耐心观察。

在我看来，最难应付的是那种高压型老板：不按常理出牌，“输打赢要”（粤语俗语，意思是输了不认账或玩不起），他们往往脾气暴躁，对下属的观点、方案等吹毛求疵。这样的人通常出身优越，成长一帆风顺，习惯以自我为中心。

如果你不幸遇到这样的老板，我的原则是“接受他，改变他，离开他（Live with it, change it, leave it）”。同时我也提醒自己，不要成为这样的老板，多尊重并鼓励下属——带着建设性去塑造一个人，好过毁掉一个人。

我最擅长沟通的，是行动导向和程序导向的领导者。我自己也是这两种风格成分更多。我在工作中很少讲概念、理论或关系，因为在具有一定规模的律所和跨国公司工作，大家更注重的是行动、程序以及结果。

目前我在深圳创业，越来越意识到沟通中强调概念和关系的重要。身处一个小的创业团队，下属在沟通中可能面对这样的疑惑：老板的概念（创业理念）可行吗？老板能成事吗？我跟着老板是否有前途？这是人之常情，创业者的责任是打消团队顾虑，带领大家在市场中拼杀，让员工看到美好前景。

指出老板错误的同时，留住老板面子

老板会不会有错？当然。以我自己来说，面对一个全新问题，我刚开始的观点大概只有 60% 是对的，这是因为相关信息不够，以及我对问题的认知有限。后期通过调研和团队的头脑风暴以及集思广益，对的比例会提高很多。

那看到老板出错，要不要说出来？

2010 年，沈居丽女士加入埃森哲成为全球总法律顾问，着手改革。她认为埃森哲的全球法律部应该像律所一样精细分工，比如进一步拆分成合同部、合规部、并购部和诉讼部等。

但我经过调研思考，向她提交了一份报告，建议全球法律部总部可以这样设立细分领域专家，但具体到各国和地区，法务团队成员最好是通才，可以同时兼顾合同、合规等多项事宜，需要时请教总部专家，无须分工太细。毕竟各国和地区平均每年不过几亿到十亿美元的业务体量，无法负担精细分工后的专家成本，而且精细分工会造成各个专家团队的内耗。

但沈居丽以美国的主市场为主要考量，还是坚持将其他各国团队进行精细分工。我没有再提出异议，理解并尊重这个决定，但并没有放弃。接下来的数年，我用行动锲而不舍地推动改革合理化进程，争取使美国以外其他国家和团队无须分工太细，这样可以节省成本，减少内耗。

最终，在 2019 年，埃森哲全球法律部终于接纳我和其他人的建议，找到一个比较合理的组织架构，将美国以外的国家和地区的合同部、合规部、并购部和诉讼部融合在一起，而不再坚持不同团队的精细分工。

在这个案例中，要明确我和沈居丽的认知差异：

她之前任职于美国顶级律所，律所需要分工精细；美国是埃森哲最大的收入来源国（年收入超过 100 亿美元），分工精细也确实适应埃森哲美国总部的需求。

我的认知则基于我当时九年的企业内部法务经验，以及对美国以外其他国家埃森哲收入情况的调研。

作为下属，我们应该了解、尊重老板的认知，事先提出该提的建议。在老板出于别的考量没有接纳时，理解对方的决定，但可以基于自己的认知，对最终决议酌情加以补充修订。

这多走的一步，不一定马上见效，但要提前布局，当老板意识到你的工作成效时，会格外欣赏你的预见性和职场潜力。

我和很多老板打过交道，自己也做过老板。面对老板的错误，态度是一切的基础——三分观点，七分态度，千万不要意气用事。

第一，错误要跟解决方案一起提

除非你老板是一个非常开放和谦卑的人（很少见），否则不要直接指出老板的错误，让对方颜面受损。可以用提问的方式委婉提醒老板，并主动告知自己会做、可以帮忙的部分。

假设老板激情澎湃地手一挥："我觉得市场总值是 200 亿，这就是我们要攻打的市场目标。"但你知道市场总值其实只有 100 亿，这时可以问老板："请问这 200 亿是怎么估算出来的？

我看到另一份报告好像写的是 100 亿。”然后再加一句话，表示自己不是抬杠而是诚意请缨：“需要的话，我马上去核实一下。”

第二，注意措辞，减少情绪化或否定性词汇

《三国演义》中杨修之死的故事深刻说明，在领导面前处处显示自己很聪明，让领导下不来台，只是小聪明。有大智慧的人深知，直接顶撞上级，你再对，也是错的。

如曾国藩所言，要“多条理而少大言”。在老板（和其他人）面前，多讲事实，少讲个人观点，少点情绪化的表现，少点预设立场，是更得体的做法。

如果老板认为你是来揭发或侮辱他（她）的，你只会得到挖苦，或者更糟糕的是，被报复。所以要顾及老板的自尊心，多用合作性言辞，尽快跳过争论环节，为老板扫清障碍，让他（她）接受你的想法，而不至于让他（她）觉得被冒犯或丢了面子。

第三，寻找指出老板错误的理想时机和场合

人多的时候不要指出老板的错误，私底下说比较好。因为你不是要证明谁对谁错，而是要帮助解决问题、创造价值。

最极端的情况是：老板在大会上提出一个波及面很广的错误决定，还让你当场立军令状。你来不及私下沟通，又不能立刻接受，最好是委婉地指出问题，让老板意识到自己可能错了，以达到暂缓推进项目的目的。如果老板中途就让你闭嘴，不要继续反驳，等到会议结束，再私下跟老板讨论。

改变那些我们不能接受的，接受那些我们不能改变的。会议只有一场，但职业道路可以很长。

第四，主动、定期与老板沟通，建立良性互动模式

这样做的好处，一是主动出击，有选择地向老板介绍项目最新进展，而不是等到出问题了才被迫告知老板。

二是向老板明确自己的需求，争取资源。不要害怕向老板提要求，尤其是正当的协作要求，这同时也是在展示自己的独特价值。

三是做出积极承诺。责任和权力相辅相成，争取资源的同时，表示愿意承担可能的风险，向老板展示你的领导力。

3

谈判策略：怎样谈加薪，老板才会听？

和老板沟通最难的关卡是什么？升职加薪算一个。

对于此类敏感话题，处理得当，显然能顺利达到目的；处理不当，失去老板欢心，迟迟得不到晋升甚至黯然走人，也不是没可能。

也许你会想：既然这么难，那就不要谈了，只要我做得好，老板自然看得到；或者，我好像也没那么优秀，贸然跟老板提，会不会被骂不自量力？

不要低估自己。

我曾见过不少案例，自身条件优秀，却因畏难情绪，羞于为自己争取权益，浪费了很多时间，才争取到和实力匹配的薪酬待遇。

老板喜欢什么样的下属？

我曾是埃森哲大中华区多样化和包容性相关的负责人，负责推广多元化和包容文化，并提供相关培训，这也让我接受他人的能力比较强，具备包容性。

工作中，我碰到过很多聪明的下属，无论家庭背景还是学历、履历都很好，在硬件差不多的情况下，我更喜欢谦卑好学的人。

我曾经有位下属 H.Li，他本科和研究生毕业于中国人民大学法学院，又取得了哈佛大学法律硕士学位，也曾在国际律所工作过，背景很优秀。但他第一次来埃森哲面试时，因为没有充分准备，表现不佳。我给了他第二次机会，建议他回去准备好再来面试。

第二次来面试时，H.Li 的表现焕然一新，我欣赏他的虚心，建议埃森哲给了他录用通知。

他在埃森哲跟了我三年半左右，工作表现优异，成长也很快。最难得的是他为人谦逊，从不以自己的经历背景为傲，被夸赞工作成绩时，总是将功劳推给别人。这样的风格让我非常欣赏，也乐于帮助他成长。

后来 H.Li 被另外一家世界 500 强企业挖走，担任中国区法律部负责人，他提出辞职时，我尽力挽留，并建议公司提高他的薪水。他权衡比较后还是决定离开，我虽然感到遗憾，但仍乐意做他的推荐人。

没想到他的跳槽一波三折，埃森哲已经给他办了离职欢送会，另一家公司却临时提出要撤回录用通知。接到他的求助电话时，我正在日本出差。尽管日程很紧，还是跟他沟通了1个小时。我告诉他，如果不行，他还可以回埃森哲跟我。这个承诺给了他定心丸，后来继续和那家公司谈判，最终顺利入职。

现在我跟H.Li还保持联系。看着他一路成长，他谦卑和好学的态度给我留下深刻的印象，有时也成为我学习的榜样。以演讲为例，每次演讲完，面对其他人的祝贺和夸奖，十次有九次我会谦虚，但难免有一次翘尾巴。每每想到这位下属，我就觉得连这一次的骄傲都不该有。

我身边还有很多朋友，也属于明明在某个领域很强，旁人却毫不知情的类型。我有一位朋友，之前只知道她练过体操，聚会时被别人提起，才知道她曾经拿过全国乃至国际性奖项。我的好朋友叶渌律师，也从不在人前提自己是“全国十大国际仲裁律师”。这种谦逊、务实，是我最欣赏的品质。

与之相反，我不太喜欢的下属，大都是喜欢投诉、热衷批评、总是指责他人、自尊心过剩，以及非常自负的人。他们往往自尊极强，什么都要证明自己是对的，自己比别人更有能力、更聪明。

年轻人要有自信，但要注意尺度。人无完人，过于以自我为中心，容易与领导、同事产生冲突。

作为领导，我会尽量引导这种类型的下属培养空杯心态，如果无法改善，最终他们很难在企业获得比较好的发展。

将主动权握在自己手里

跟老板谈升职加薪这项艰难而敏感的沟通技巧，越早学会越好。

具体怎么谈，和你所处的职级、你和老板的互动模式有关，不过有一个通用禁忌：千万不要说其他公司的职位和薪水如何如何，然后明示暗示老板，自己也应该得到同等待遇。

我听过这样一个例子：某总经理让下属去了解其他公司如何锻炼新人，结果下属回来汇报，说那家公司给新人的薪水有多高，各种补贴有多么丰厚。老板反问：你有没有计算公司一年花在你身上的培训费用有多高？有没有计算你的加班时长比对方少了多少？以你的资历和业绩，现在拿的薪水一点也不低。下属被问得无言以对。

每一家公司都有自己的工作流程和规章制度，单纯从薪资的绝对值来谈加薪这件事，过于片面，会显得自己肤浅，也容易让领导反感。薪水只是衡量员工工作投入（敬业）度和满意度的一个维度。在此，我推荐一个好用的工具——投入度清单，帮助你解决加薪这个沟通难题。

在埃森哲，员工每年有两次机会与上级领导讨论个人的工作投入度。公司有一整套工具和流程对此加以评估，员工也可以自我评估，亮出业绩，反思问题。围绕工作表现的所有事项，双方都可以开诚布公地讨论。

表 5-2　埃森哲的“员工投入度清单”

对以下六个维度的重要性排序，1 为最重要，2 为第二重要，以此类推。然后给出满意度分数，1 为最不满意，10 为最满意。

	重要性 1：最重要 2：第二重要 …… 6：最不重要	满意度 1：最不满意 …… 10：最满意	评语 对自己的重要性排序和满意度分数做出简单的解释和点评。这里以我自己曾写过的内容为例
公司惯例 公司政策、惯例，多元化和包容度，绩效考核，公司口碑和荣誉	6	7	我完全认同埃森哲的核心价值和文化。我为能够在埃森哲工作感到骄傲。有些新的公司政策（比如反腐败、数据合规等）需要我不断去学习
机会 职业发展、学习、拓展的机会	1	8	对于拥有学习和拓展的机会我感到满意。我能够从优秀的同事和复杂的项目上学到很多，这让我有持续前进的动力
人 高级领导、部门经理、同事和客户	5	8	我喜欢埃森哲的人。虽然有少数人非常难应付，但我感恩有他们，他们让我变得更加坚强，使我有机会提升我的情商
生活质量 工作生活平衡、工作环境、安全	3	5	请看以下我对工作的评价。因我底下现在没有高级经理级别的人帮我，所有的事情都需要我事无巨细地去处理，这样我每天的工作时间很长，不得不把周末都用来工作。这样长期下去难以持续

（续表）

	重要性 1：最重要 2：第二重要 …… 6：最不重要	满意度 1：最不满意 …… 10：最满意	评语 对自己的重要性排序和满意度分数做出简单的解释和点评。这里以我自己曾写过的内容为例
具有竞争力的薪酬 工资、福利、奖励	4	8	我对于我的薪酬感到满意。我知道这个薪酬非常具有市场竞争力
工作 工作活动、工作流程、支援资源	2	6	我非常喜欢我现在的工作，但是我的团队的工作经验和质量有待改善。我的团队人手不够，需要增聘人手，否则，所有大事小情我都要亲自处理

上面是我自己的工作投入度表格。为了方便大家理解，下面我从上司的角度来分析这张表格：

很显然，员工排序第一的是“机会”，这表明他想做不同和更有挑战性的工作，也希望获得进一步学习、培训的资源，同时暗示“我想升职”。

薪酬排在“工作”和“生活质量”之后，意味着他认为得到团队支持、保持生活平衡，比提高薪酬更有紧迫性。而如果他加薪的需求更迫切，就会把这一项的排序放在第一位或第二位，同时给个 5 分，代表不是很满意。

综上，跟老板谈升职加薪之前，你可以先填好这张表格，分清自己当前的首要需求、次要需求，乃至可以最先放弃的需求，再与老板一项项去讨论每个维度如何改善，提高彼此的满意度。

还可以用这张表格，结合上一节我们分析的老板的四种类型，去做相应的变通，有针对性地跟老板沟通。

这种有框架、有结构，系统地提需求的方式，最适合程序导向和概念导向的上司。如果对方是人文关怀导向，就不要过度就事论事，可以适度打点感情牌，如表达对过往共同战斗的回忆、对未来携手共进的期待，引起对方的感情共鸣。

如果遇到的是行动导向型领导，你需要花费的精力更多，建议前后都再多做一步。前一步，告诉老板这次升职加薪会给你的工作表现带来哪些提升，对公司有哪些帮助。后一步，如果老板实在不肯松口，你希望得到哪些“补偿”，例如更长的带薪假期（提高生活质量）、更多的培训机会（个人能力提升）、更多的跨部门合作（获得工作支援与机会）等。

比加薪更重要的是发展潜力

就算我们做了以上所有努力，仍然有可能被拒绝升职或加薪。回到前面的章节提到的观点：打造 B 计划，增加选择项。保证工作质量的同时，我们也要不时看看外面的工作机会，时刻做好跳槽的准备。

这样做一是确认自己的市场价值，二是让老板有一点危机感——他（她）不留你，外面还有更好的工作机会在等你。如果有更好的机会，就不需要和老板讲太多，直接炒老板鱿鱼好了。

往大了说，升职加薪只是职业规划的一部分，在这个问题上我们要有长远眼光，不要局限于一时一刻的得失。

我在职业生涯中，就一再做出过跳槽 / 转行反而要降薪的“傻事”。

我离开宝洁去英国参加律考，损失了高薪和管理百来号人的升职机会，但我考虑的是成为律师的职业发展，事实证明它很适合我，一干就是 28 年。

我从高伟绅律所跳槽到北电网络，放弃了前者北京办公室的首席代表职位，同时接受 20% 的降薪。但我规划的是，企业法务工作可以让我发挥从宝洁学到的商业经验，与业务部门的同事并肩作战，可以充分发挥和放大我的综合优势，后来证明我的直观选择是对的。

我从北电网络跳槽时，除了埃森哲，另外两家世界 500 强企业也给了我录用通知。

我征求我的导师陈鸿昌先生的意见，他果断推荐了埃森哲，理由是：虽然埃森哲在中国的名声不大，但他更看好未来 20 年 IT 咨询和服务行业的发展。而另外两家公司的主营业务都是做设备，成本高、利润低、竞争激烈，虽然当时在国内声名显赫，但将来必然会碰到发展瓶颈。

事实证明了陈鸿昌先生的眼光：另外两家企业，一家连年亏损，已经被其他企业收购；另外一家过去十多年来的表现也很一般，股价只涨了两倍。反观我加入埃森哲的十几年间，股价涨了七倍多，而且每个季度都派股息。除了薪水，公司还有一项福利——埃森哲让高管参加股票购买计划，可以用工资的 30% 来购买公司股票，只要持有一年以上，埃森哲就会两股送一股，投资回报可观。

以我个人的体验，在考虑工作机会时，不必拘泥于眼前的工资和职位，更要看公司、行业本身的发展前景。

我对薪水待遇的“不在意”，最后都得到了令我满意的回报。当然，回报不是即时的，也许一年，也许十年，但好饭不怕晚，说到底，关于升职加薪，你的谈判对手不是你现在的公司和老板，而是你对自己事业的规划、人生价值的设定。

第六章

跳槽攻略：搞定世界 500 强的面试技巧

你一生中销售的唯一产品就是你自己。

——美国著名推销员　乔·吉拉德

1

自我推销：一封“秒回”的录用通知

2012 年的一天，从纽约飞往北京的航班刚刚降落在首都机场，我在机舱内打开手机，习惯性查看飞行期间有什么重要邮件。来自沃尔玛的邮件安静地躺在收件箱里。这是一封录用通知，聘请我为沃尔玛中国区的法律总监，这个职位意味着数百万元人民币的年薪，以及管理一支超过 30 人的法务团队。

从发件时间看，我从阿肯色州到纽约转机时，这封邮件已经发出，距离我此前在沃尔玛美国总部参加的最后一轮面试，不超过 24 小时。也就是说，对方几乎是在面试结束后，马上就做出了聘请我的决定。

说实话，我并不意外。

某种意义上，面试也是一种销售行为，这个待价而沽的“商品”就是自己。长期的职业训练，让我锻炼出辨识“销售关键瞬间”的能力：当客户做好“买单”的准备时，面部表情会呈现一种微妙的反馈。

和负责最终面试的沃尔玛全球总法律顾问告别时，我已经清晰地察觉到这一点。这种表情，我在给过我录用通知的 90% 的面试官脸上都见过，他们来自宝洁、埃森哲、IBM、沃尔玛等全球 500 强企业。

也许你觉得面试高管职位这种事，离自己太遥远，可以试着反过来想：要让自己将来有一天配得上高管职位，现在需要做哪些准备?

常言道：“取法于上，仅得为中；取法于中，故为其下。”要进入一家心仪的好公司，提升专业能力是基本盘，而像钻研业务一样准备面试，是不可或缺的加分项。

2

用户画像：对目标公司展开“反尽调”

我在过去三十年的职业生涯中，面试了无数人，有时遇到毫无准备的应聘者，甚至会问：“你们公司是做什么的?”说真的，问出这样的问题，你就可以出门右转了。

我的面试法则第一条，是先给想去的公司做一轮“反尽调”。

“尽调”本是金融术语，是尽职调查的简称，也称谨慎性调查。尽调是投资者在做出投资决策之前很重要的工具，需要对目标公司的资产、经营状态、法律关系、面临的机会与风险进行一系列调查，以评估并管理投资风险。

在面试的场景下，需要反其道而行之。“反尽调”意味着在被企业评估、挑选的同时，通过私人或公开渠道，搜集、分析信息，主动先给要应聘的企业做一轮尽调，确认对方是理想雇主，积累应聘成功需要的资料。

毕竟，要想销售好自己这个商品，知道谁是你的买家，也就是“建立客户画像”很重要。

“反尽调”包含两方面的内容。

首先是对面试公司的“尽调”：我通常会阅读公司年报、财报，搜索媒体所披露的信息，确保自己对公司文化、核心价值、业务、组织架构、创收情况等了如指掌，再进一步思考对方有哪些法律疑难、增长遇到哪些问题，对症下药准备我的解决方案。

其次是对面试官的“尽调”：在面试阶段，我们将获得跟未来直属上司甚至老板面对面沟通的机会。对方的性格怎样、工作履历如何、能从哪些方面帮自己提升……这些因素都将影响到我们的工作满意度和未来职场发展。因此，面试前我会积极搜集相关信息，想方设法了解每个面试官的职场与生活经历，分析他们此刻面临哪些工作节点和困难。

我能以罕有的速度拿到沃尔玛中国区法律总监的录用通知，正是上述工作的结果。

坦率说，此前我并不熟悉沃尔玛这类实体零售企业的运作，平时也没什么时间逛超市，当时在北京就用几天跑遍了沃尔玛设在不同城区的门店以及山姆会员店，去做实地调研。

每到一处，我都会仔细观察员工的精神面貌，留意货架布置、产品陈列，包括生鲜区的排污状况。我还请太太上网购买沃尔玛的产品，询问她的购物体验。去沃尔玛深圳总部做首轮面试时，我也按同样的流程在当地探店，琢磨、比较两地运作及用户体验的差别。

沃尔玛总部所在的本顿维尔（位于阿肯色州）比较小，没有直达航班，参加最后一轮面试时，我需要从北京先飞纽约，再转机过去，航程（加上转机）长达 24 个小时左右。

一下飞机，来不及倒时差，我就请司机开车去拜访沃尔玛四种不同类型的商店，分别是沃尔玛购物广场、山姆会员店（中国境内主要是这两种），还有沃尔玛商店与沃尔玛社区店。

最后一站是沃尔玛博物馆，那是创始人山姆·沃尔顿开的第一家店，原来是杂货店，后来改建成沃尔玛博物馆，成为沃尔玛的圣地。在那里，我拍下沃尔顿的十大名言，存在手机里，一条一条背下来。

乍一看，我做的这些“反尽调”，很多和企业法律总监的工作职责不相关。但要争取面试成功，对应聘企业的产品、员工风貌、商业模式等都需要有透彻的了解，尤其要吃透这家企业秉持什么样的价值观，他们认为自己的成功来自何方。

心理学中有一种同理心效应：巧妙重复对方的价值观，会让对方无意识中获得认同感。有了深入调研，我在最终面试时，巧妙地把沃尔玛的价值观融入自己的回答中，令面试官频频点头。此举也为我赢得了深入交流的机会，面试时长更是远超常规。

在互联网时代，想从公开渠道获得一家企业及其管理者的资料，难度越来越小，而机会永远是为有心人准备的。

即使你应聘的是一个初级职位，提前对企业做扎实的“反尽调”，也很必要。除了提升面试成功率，整个尽调过程也是你对自身诉求、偏好与对方企业文化是否匹配的反复确认。

我们工作不只是为了得到薪水，职场占据了成年人生活的绝大部分，企业愿景是否符合个人成长目标、办公室周围是否有良师益友环绕，对我们的职场满足感与成就感都有至关重要的影响。因此，不要怕麻烦，不要给自己和公司的未来制造“灾难”，面试时做好反尽调，绝对事半功倍。

3

掌控节奏：做积极进攻型面试者

应对面试，我的另一个撒手锏，是制作面试题库。

从年轻时开始，每一次参加面试，我都会去搜集公开或非公开的面试常见问题，形成自己的题库，不断往里面补充信息和案例。现在我的面试题库里，有 100 多个问题，核心问题有 20 个左右，这些是面试官最经常问到的。

针对题库中的每一个核心问题，我都会做出书面回答，然后反复背诵答案。这么做不是为了让面试官感受我的记忆力，而是要把答案化为“肌肉记忆”，成为一种条件反射般的本能，这样在紧张的面试氛围里，我才有余裕去同时调整自己的语调、肢体语言，让面试官从多方面体会到我对这份工作志在必得。

你可以根据所在行业、所处职位，建立专属面试题库，反复打磨、更新你的“标准答案”。比如每年年终时，拿出面试题库来复盘，问问自己，今年做了哪些新项目，有了哪些新经验，可以让答案显得更有分量。这就像是你对自己的一次“年终面试”，借此提醒自己保持职场竞争力。

除了标准答案，面试中还有一些细节是你格外需要注意的：

主动邀请提问，不惧做掌控局面的人

面试刚开始，就要直接亮明优势。

比如被问“你的优势是什么”，我会直截了当地抛出早已准备好的答案，说出我最自豪的三个优点——扎实的法律技能、较强的管理能力和较强的商业意识，辅以 3~5 分钟的陈述（这是倾听者不走神的极限）。

之后最好不要用沉默等待对方继续发问，因为面试官很可能出于礼貌，想让你把话说完而不愿轻易打断，或者在认真思考，接下来该怎么跟你“过招”。你完全可以利用这个机会把控沟通的节奏，用主动邀请提问的方式，尝试建立一种平等对话的氛围，而不是被考核、评论的氛围。

比如，每回答完一个问题，可以接一句："这是我的简要介绍 / 答案，您有什么进一步的问题要问我吗？"这就把被动等待面试官发问，转变成主动邀请对方提问，是一种得体的积极。

回到开头的例子。我在说完自己的优点之后，通常会暂停一下，询问面试官："我可以告诉您更多关于这三个优点的细节，在此之前，能告诉我有什么是您特别有兴趣的吗？"

从对方的回答中，我将进一步获知对方的兴趣点，有的放矢地展现自己。如果对方表现出无所谓的态度，或者着急转移话题，那就跟着对方的节奏走。

扬长避短，不要掉坑

"你认为自己最大的缺点是什么？"

这是一道经典面试题，答好了送分，答不好"送命"。

回答此类自曝其短型问题的关键，不在谦虚或自我批评，面试官真正想考察的是，你如何面对自己的缺点或者劣势，尤其在高压场景下，是否有处变不惊甚至扭转局面的能力。

明白了这一点，就要避免做不断自我检讨的"老实人"。这时候需要注意逆转的技巧，比如真诚地告诉对方："我太专注，看不到整体""过于要求完美""有执着于细节的倾向"……重点是，先说出无伤大雅的小缺点，再快速转到你的优势上。

比如："虽然我容易关注细节，有时会忽略整体，但在做记者的时候，这也让我对采访对象的微表情和小动作等特别敏感，能透过蛛丝马迹来发掘事件真相。"

又如："我对工作要求完美，有时在下属眼里显得吹毛求疵，但我认为对一个项目全力以赴，精益求精还是有必要的。看起来这有让团队陷入焦虑甚至'抓狂'的风险，然而向客户交付超乎预期的产品，能为我们赢得长期合作最宝贵的信任。"

成为律师之前，我在银行工作过较短时间，又在宝洁做过两年销售。当时看好像走了弯路，但后来这些履历让我在面试中更有识别度——对于"缺陷"问题，我一般是这么回答的：

> 我刚参加工作那几年，接触过金融，也做过销售。虽然跟法学院毕业后直接进入律所的人比，职业背景复杂了一些，但也让我拥有更强的商业意识和服务精神。事实证明，跟其他律师相比，我更擅长揣摩客户心理，有一种透过客户的言谈举止，洞察其真实需求的能力。

等我把这段话说完，90% 的面试官都会眼前一亮。

重视肢体语言，关注细节

完成对沃尔玛博物馆的考察后，我还是没有回宾馆休息，而是叫了一辆出租车，从酒店到沃尔玛总部打了个来回，预估第二天过去面试的路程长短、交通拥堵情况，确保在任何极端情况下，我都可以提前至少 15 分钟到达。

别小看这 15 分钟，它能让我不慌不忙、自信满满地进入面试现场，因为没有什么比满头大汗、气喘吁吁，更让自己和面试官尴尬的了。

不要迟到、衣着得体、眼神坚定、主动握手……这些最基础的面试常识，简单到都不足以称之为技巧，然而细节是魔鬼，肢体语言也是无声的交流，面试全程它都对你很重要。

这一点也是我从演讲训练中学到的：观众不只听你在说什么，也会看你在做什么。如果你不擅长用身体语言表达自我，至少提醒自己，不要做那些明显减分的动作：眼神飘忽，经常摸头发或脖子，不停交换腿的位置……

4

精准匹配：传递非你莫属的自信

我清晰地记得，应聘埃森哲大中华区法律总监时，自己都做了哪些准备。

埃森哲的职级从低到高是 13 级到 1 级，我应聘的职位是第 4 级，是高级管理的级别，需要见几个更高职级的面试官，最后一位是当时埃森哲的全球总法律顾问道格 · 斯克里夫纳。

最后一轮面试，在埃森哲位于美国硅谷的办公室。

面试房间是透明的玻璃墙，外面有一条走廊，当我看到道格·斯克里夫纳一步步走过来，他过往的人生经历也在我的脑海中渐渐立体：上的什么学校，为母校捐赠了什么课室，有哪些工作经历、社会活动，以及家庭状态……我都已了如指掌，并且很有信心，这次交流既不会浪费他的时间，也不会浪费我的时间。

我主动开门，积极和他握手，感谢他给我这次面试机会。然后我们开始针对埃森哲所面临的机遇、存在的潜在风险等，交换观点和意见。其间我认真倾听他的问题，捕捉其中的关键信息，检索脑海中与之对应的回答要点。

面试之前，我提前阅读了大量埃森哲的年报、财报以及媒体公开披露的案件资料，做了扎实的案头工作，我相信这些外部人的视角，对于公司高层也同样宝贵。

如果是面试高管职位，面试的终极目的除了展示自己，更重要的是寻求共鸣，达成共识，不断让对方确信你的能力和优势符合企业预期。但如果你还在职业生涯的早期，经验和经历都不足以帮助你精确判断对方的需求，怎么办？

答案是：不在其位，而谋其政。也就是传达这份工作非你莫属的自信。

你需要给自己做思想建设：工作和人没有最完美的匹配，理想型工作属于最有决心要获得它的人，即最有斗志的人。如果你很想获得这个职位，就要用信心、决心去说服对方，证明你就是此刻最适合的人。

无论是对应聘公司做“反尽调”、制作面试题库，还是主动邀请提问，都是为了让你成竹在胸，提前在心理上进入“我已经拿到这份工作，要一展所长，做出成绩来”的状态，以此扭转“敌强我弱”的态势。

我自己的习惯是，从决定应聘的那一刻起，就会带着“我已经获得了这份工作，坐在这个位置”的视角去搜集资料、寻找问题、思考解决方案，这样我才能自信地向面试官阐释自己能做到哪些事。此类陈述通常这样开始：“如果我入职，未来三个月我会做三件事，分别是……”将提前准备好的脚本说完，面试官会对你刮目相看。

这部分需要刻意练习，注意将神情、声音、肢体语言配合得恰到好处，可以“秀肌肉”，但不要太激进，重点是做到两个 C：Confident（自信）、Comfortable（舒服），也就是让面试官觉得你很有信心，但又令人舒服、没有攻击性。

那么，掌握了足够的面试技巧之后，就一定心想事成吗？

答案是否定的。一切面试技巧都是术，没有道（专业能力、理想、价值观）的支持，只会沦为雕虫小技。上面分享的经验谈不上什么捷径，都是基础招数，大道至简，就看你是否愿意踏踏实实去执行。

必须强调，做 120% 的努力，尽力争取面试成功，但不要为了诱人的薪水和职位，勉强自己适应你不赞同的价值观。工作是回合制，而事业是终身制，别让前者毁掉你对后者的热情。

插句题外话，经过反复斟酌，我最终没有接受沃尔玛的工作机会，依然留在埃森哲，因为两相比较后，我越发确定埃森哲的职场氛围更适合我。事实证明，经过考验、深思熟虑的选择是正确的：两年后，我成为首位进入埃森哲全球法律部管委会的中国人，赢来了个人职业生涯的高光时刻。

第七章

突破瓶颈：职场没有天花板

人们不会因为工作做得很好而得到提拔，他们通过展示自己做更多事情的潜力来获得晋升。

——职业专家　塔拉·杰伊·弗兰克

1

遇到瓶颈，寻找弯道超车的路径

什么是职业天花板？当我们对手头工作驾轻就熟，无法在目前的岗位上获得新的知识技能及资源的拓展时，热情和斗志便开始衰减；与之对应的是，当公司不能提供更多资源、更大发展空间时，我们只能被困在原地，个人能力、职业发展出现停滞。

这种天花板可以从两方面来分析。

相对客观的情况是：我在一个岗位做了几年，但没有晋升的迹象和机会；比较主观的感受是：我觉得自己的能力和经验已经超越现在的岗位职责，我应该获得更有挑战的职位。

勇气，我的四次跨界经历

以我自己为例，职场天花板我碰到过不止一次。

1990 年在香港宝洁当销售的时候，我第一次对职业发展感到迷茫。

当时我已经做了两年销售，从新手到资深，两年内提升了三次，薪水翻了两倍多。但随着自己工作能力的升级，我对销售这个职业产生了困惑——销售会是我职业的归宿吗？经过慎重考量，我最终选择辞职，去英国突击学习，参加法考，准备转行做律师，从零开始。

宝洁的职业天花板，是销售的职业方向不能给我更多价值，这是我的主观感受和分析。当我转行成为律师，又从高伟绅律所转到北电中国当法务的时候，我第二次感受到职业瓶颈，这是客观的晋升难题（我有两年全无晋升机会）。

与在律所处理案件相比，公司内部律师的工作同样繁重，但待遇比律所略低。转型将近两年，其间帮助公司处理了很多项目，自认做出不少业绩，但薪水和职位依然原地踏步。我不甘心，更积极地投入工作，两年后被提升为北电中国法律部的负责人。

第三次职业天花板的降临，是我离开北电，在埃森哲大中华区担任法律总监的时候。我 2006 年进入埃森哲获得这个职位，前五年的工作波澜不惊，直到 2010 年沈居丽女士担任埃森哲全球总法律顾问，我的机会来了。我帮助全球法律部完成了改革，升职为全球法律部改革委员会的成员。

其间有个小插曲。当时尽管我完全符合晋升条件，但因为公司改革的步伐先从美国总部开始，亚太区暂时还未调整，我的升职随之被拖延。此时 IBM 希望聘请我做大中华区合规部门的负责人，听闻这个消息，沈居丽当机立断，于 2012 年提拔我为亚太区区域法律部董事总经理。

第四次突破职业天花板，是我人生中的一项重大决定。

客观上，我已经在埃森哲任职 13 年，做到中国人在其全球法律部的最高职位。主观上，在跨国公司工作多年，我开始思考能否专注中国内地，花更多时间为提升中国律师的国际化执业水平尽点绵力。

就在此时，我收到邀请，担任蓝海大湾区法律服务研究院的咨询委员会委员。经过调研，我对蓝海的创新法律服务模式十分有兴趣。2019 年 9 月，我决定离开埃森哲，加入深圳市蓝海法律查明和商事调解中心[①]，担任首席法务官。

人到中年，暂别妻子和孩子，一个人带着拉杆箱从北京来到深圳，并不容易。好在工作三十年，我已经习惯随时将过去清零，不断突破瓶颈。我希望借此探索一条不同于以往的职业道路，毕竟“活到老，学到老”，未来会发生什么，谁知道呢？

---

① 蓝海是一家由深圳市司法局作为业务主管单位的民办非企业单位，是一个“小机构，大平台”，在全国率先探索“国际商事调解 + 法律查明”的全新调解模式。

象限分析，找到突围路径

回顾过往，我认为能否打破职业天花板，关键在于你如何定义自己，怎样看待自己的优劣势，对职业发展有怎样的期待值。我有一个“象限分析法”，可以帮你整理头绪。

下图中，横轴代表职业岗位的跃升，纵轴代表你个人的进步，由此组成四个象限：

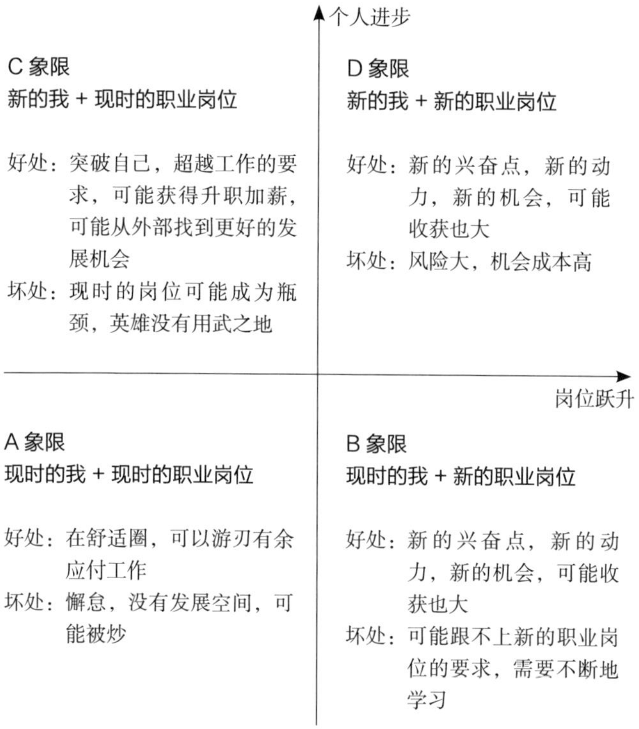

图 7-1　职业生涯象限分析法

根据这四个象限来分析我的职业生涯，我清楚地看到：

自己要避免的是A象限（现时的我+现时的职业岗位），因为这个处境会使我陷入舒适圈，容易懈怠，不可避免地碰到职业天花板。

同时，我也要避免B象限（现时的我+新的职业岗位），因为我如果原地踏步，可能无法满足新的职业岗位要求，换工作的成本巨大。

我要争取的是C象限和D象限。C象限（新的我+现时的职业岗位）是我在宝洁的处境，岗位没变，工作职责没变，但我对自己的要求、对未来的期待已经发生改变，新的我跟现时的职业岗位发生冲突，因此我选择辞掉这份工作，转而成为一名执业律师。

我在埃森哲时也是如此。13年的积累和历练成就了崭新的我，虽然获得加薪升职，依然感到职位的提升跟不上个人成长的脚步。在C象限（新的我+现时的职业岗位）停留的时间长了，我选择辞掉埃森哲的工作，进入深圳市蓝海法律查明和商事调解中心。

D象限（新的我+新的职业岗位）是我现在的状态。来到深圳，加盟蓝海，探索全新的业务，这是巨大的突破。对我来讲，虽然风险大、机会成本高，但也是新的兴奋点，带给我新的动力、机会，可能收获也大。

具体该如何操作，才能更好地理解并运用四象限分析法呢？

首先，确立目标，制订计划，补足差距

对现状感到不满，开始纠结时，问自己到底想做什么，要达到什么样的目标。

我经常自省：现在的我，处于四象限的哪一个象限？

人的职业发展是一个动态的过程，每个阶段影响我们工作状态的主观、客观因素不尽相同，甚至各象限的分界可能也是模糊的。养成不断复盘、随时调校目标的习惯，我们会更明确自己想要做什么，以目标来倒推自己现在需要做什么。

明确职业目标后，我一般会把它写在笔记的醒目位置，每日回顾时都会撞入眼帘，提醒自己有针对性地努力。

有时候等待的确很难熬，但如无明确目标，我又怎么能知道自己与目标的差距，然后采取相应行动去弥补这些不足之处呢？

接下来就是制订行动计划，证明自己的成绩配得上这个目标。为此，首先要抛开无谓的自尊心，积极听取周围人的意见，明确现实跟理想之间的差距。

每个人都有认知盲区，但又总觉得自己是对的。尤其当有人指出我们的不足时，多数人的第一反应是恐惧，下意识想要否认、逃避。但是，要想在职场上获得成长，尤其是升到更高的位置，就要直面问题。

怎么做？

在脑海里设想一个情境——你来到领导办公室，开门见山地表示想要升职，这时他（她）可能会问："为什么你认为我必须这么做呢?”

“因为我已经有一段时间没升职了。”这样回答无异于自毁前程。更有说服力的答案包括:“过去一年中,我帮公司搞定了10个难缠的客户,一个人就完成了部门一半以上的业绩。”或者“如果我能升任部门主管,我计划从以下几个方面提升部门业绩……这比继续待在现在的岗位上,能为公司创造更多收益。”

以终为始,用老板无从质疑、不忍拒绝的理由,推回你当下的状态,看看自己跟目标还有多大差距,然后脚踏实地去提升业绩,给出漂亮的数据,为你将来的升职请求增加筹码。

其次,找到导师并与之建立密切联系

2006年,我同时被三家跨国企业录用,犹豫不决时,向北电大中华区首席财务官陈鸿昌请教,最终选择了埃森哲。2019年,我决定离开埃森哲去深圳蓝海中心,陈鸿昌和庄泉娘都给了我宝贵意见。

我的良师益友名单,还包括李纲(担任埃森哲大中华区主席18年左右)、叶渌律师等。

庄泉娘在李纲之后接任埃森哲大中华区主席,随即建议埃森哲全球委任我为埃森哲中国所有法律主体的董事长及法定代表人。

最初我对这项任命有所犹豫,因为兼任法律总监和法人,两个职务之间可能存在冲突。但她从公司的战略、业务、合规和道德风险的角度告诉我,我可以胜任这一职位。有了导师的信任和鼓励,我便接受了任命。

离开埃森哲后，我仍然和她保持联系，虽然只是偶尔短暂沟通，并不谈及太多日常琐事，但她仍能察觉我对当下事务的犹豫，适时提醒：安迪，别忘了遵从内心的价值排序（在我的价值优先序中，诚实、合作、公正排在前三）。

在职场上有一定资历后，比起具体的事务性建议，一个能从精神高度给予忠告的导师，格外珍贵。我个人认为，这个世界上所有的成功人士背后都有一位成功的导师，因为所有的事业都是靠团队干出来的，而不是单凭个人的力量。

因此，我也建议你在入职之初就把寻找导师当作职业发展的重要命题，好的导师关系将成为你职场精进的有力工具。

你可能会问，怎么找到好的导师？又如何甄别谁可以成为自己的导师？

在埃森哲，公司鼓励所有人找到适合自己的导师，也鼓励所有人成为导师，从而形成学习力很强的企业文化，同事之间可以教学相长，弘扬正能量。

在埃森哲，找导师有两条途径：

正式的方式是在公司内部的导师平台配对，员工主动寻找不同国家、部门和专业的同事做导师。

非正式的方式是在工作中求教于更有经验的同事，或通过共事形成导师和学生的 protégé（法语，指门徒或学生）关系。

一个好的导师具有以下特点：

- 真诚帮助学生成长和发展

- 有相当的经验、知识、技能
- 愿意给予学生支持、咨询、友谊、肯定以及建设性的建议

他们通常是好的聆听者，真诚地关心和帮助学生发挥优点，改善不足的地方。同时愿意对双方的沟通信息保密，除非学生同意披露给其他的人。

反过来，如何成为一个好的导师？你要做如下这些事：

- 分享自己的经验（包括自己踩过的“坑”，从自己导师身上学到的东西，职业发展过程中遇到的事件和通过它们成功的例子）
- 分享自己的知识（包括自己对公司成文和不成文的内部规则的理解，自己的失败经历，在公司职业发展成功的要素，帮助学生规划职业发展）
- 分享学生感兴趣的信息、例子和故事
- 定期与学生沟通（包括提供自己在内部和外部的专业资源给学生，安排学生参加高曝光度的活动，在每次绩效考核后与学生复盘）
- 提供独到的见解（包括聆听和提供意见、建议、指导等，提供学生可以用的工具，帮助学生识别挑战，指导学生克服挑战，坦率告知学生其自身存在的问题和要改善的地方，用提问的方式引导学生自己思考，并通过比较、评估、反思等方式寻找解决问题的答案）

- 需要的时候在场，专注倾听学生的倾诉（包括充分了解学生的履历，参与学生请求召开的会议，显示出真心希望学生成功的意愿，聆听学生对于问题的不同解决方案并提供建议；约学生在两到三个双方觉得舒服的地方见面，主动沟通，倡导轻松沟通和非正式的定期沟通，跟进学生的进展）

导师和学生的关系是双向的，双方需要主动参与关系的建立和维护。好学生有以下特点：

- 开放和开门见山的精神（包括事前认真准备与导师的会议，帮助导师了解自己的优点和缺点，尽力理解自己怎么对公司和客户做出独特的贡献；适应这段教学关系，可以自由问导师问题，可以接受导师的意见，即使该意见对自己是一种“灵魂拷问”）
- 主动和投入（包括为自己的职业发展负责任，定期与导师沟通，明白一段关系需要时间投入，主动沟通自己的期待和目标，尊重导师的时间，对导师怀有感恩的态度）
- 记录目标和结果（包括衡量自己目标和结果的进展，给导师反馈，定期一起检查目标和结果）
- 学习导师的经验（包括认真学习导师的成功与失败经验，懂得合理利用导师的知识和资源；清楚导师提供的是不同角度，不只关注眼前的升职加薪问题，而且专注提高和拓宽自己的技能，可以同时向不同的导师吸取不同经验）

我在埃森哲 13 年间，一共经历了 7 位导师，从他们身上我学到了专业精神、谦卑态度、领导力、沟通能力、创新和变革的思维、结果导向的做事方式……总的来说，我学到的成事“心法”对于我的职业发展和人生是无价宝！

正因为对导师的重要性深有体会，所以在这 13 年里，我也成了起码 20 个人的导师，有美国、欧洲、拉丁美洲、亚太区（包括中国）的同事，他们中的一些人已成为埃森哲全球的主要领导，除了事业有成，也成为其他同事的导师。看到他们各自的职业成长和发展，我非常欣慰。公司的正能量文化和核心价值就这样薪火相传。

你有好的导师吗？你是一个好的学生吗？如果你还没有好的导师，赶紧成为一个好学生，然后找到他（她）。

或者，你也可以考虑成为他人的导师，然后教学相长。

最后，保持积极的身心状态

真理往往很朴素，身体力行才能领会其精妙之处。比如，很多人知道，要抵抗压力，突破职业发展瓶颈，保持积极的身心状态很重要。怎么做？遵循 3L 原则：Live，Learn，Lead。

Live 就是好好活着，好好吃饭、睡觉、运动、社交，呵护身体健康，从而保持积极的心态。

Learn 就是好好学习，始终充满好奇心，去发现和学习新东西。这对保持职业敏感度、突破职业危机，乃至保持个人活力，都有助益。

Lead 就是好好引领，以身作则，处理好手头的工作，对自己和团队负责。从个人精进到带领团队齐头并进，是职场发展的重要转折，迈过去了，你就从士兵晋升为将军。

心理学上有个概念，叫自我实现的预言。当我们把注意力集中在目标上，我们就会选择性过滤掉无效信息和资源，无意识地塑造自己的行为，以实现预期。所以我经常提醒自己要以修行者的态度来做人做事。起码外表上，我们需要表现出乐观和积极向上的态度，用行动来影响、改变自己的心态。

2

面对挑战，打造手杖攀登高山

在香港高伟绅律所工作 7 年后，律所派我去北京分所担任首席代表，待遇很好，还有各种补贴。这是一次大有前途的升职，但我在北京职业生涯的真正开始，是应邀担任北电网络中国的内部法务律师。当时事有凑巧，我来北京考察时，接到猎头公司电话，告知北电网络中国想聘请一个内部律师，问我有没有兴趣。做了将近十年律师，我也想转型试试，随即开始准备面试，很快应聘成功。

第一次开会就得罪了大老板

2001 年，我拖着沉重的行李箱，一个人从香港来到北京。

下了飞机，早就在出口处等候的同事笑着迎上来，问我感觉如何，习不习惯北京的天气。相隔24年，从香港回到内地，我隐隐觉得孤单，好在同事周到的安排驱散了我初来乍到的不适感。

来到公司提前租好的高级公寓，里面环境舒适，生活用品一应俱全。第一天上班，同事老丁提前在电梯口等我，带我去办公室、领电脑、介绍其他同事给我认识。

其实跟律所相比，公司内部律师在待遇上反而低一些，但我对这次转型寄望很大：

成为律所北京办公室的首席代表，需要把时间分为销售、管理和处理案件三部分，虽然工作也有挑战，但大都驾轻就熟，而我希望能接触到一些更新鲜的领域。在北电这样的顶级公司，对跨专业、跨部门协同处理事务的综合能力要求更高，符合我从专才转型为通才的愿景。

另外，当时内地高级律所在高速成长，市场上处理国际性案件的份额也开始被分散，寻找案源的压力以及不可避免的费用缩水，也是很现实的考虑。

正当我兴冲冲地准备在新的岗位上大展拳脚之时，却迎来了一次惨痛教训。

那是我在北电参与的第一个项目。在一场谈判的内部预备会上，气氛相对轻松。会上讨论一份协议，按我之前的经验，这不是什么重要文件，便以肯定的口吻发表意见："这只是一份意向书，我觉得没有什么问题或风险。"

“我不这么认为。”直接提出反对的，是当时的首席执行官毛渝南先生[①]。我早就听说他是个敏锐又能干的人，而且情感丰沛。现在他看上去面无表情，这不是一个好信号。

他的批评也很直接：“既然公司希望这个项目能顺利达成，就要严格履行承诺。这虽然不是正式的合同，但在发给客户之前一样要仔细审核。”

他说的是对的。我心里一沉，意识到自己的发言太草率，怕是要给这位大老板留下不好的第一印象。

紧接着又发生了一次意外。

围绕刚接手的一个合资项目，我草拟了一份合同，明确告诉同事这只是个草稿，是对大家意见的“大杂烩”式汇总，后期还需要大量的澄清、梳理和重新草拟，结果却被同事不小心发给了毛渝南先生。他不清楚这只是合同的最初稿，看得很不高兴，直接给了评价：“这个律师怎么写东西乱七八糟？不行啊。”

一入职就接连遇到两次失误，虽然后面这次纯属“躺枪”，我也觉得委屈、冤枉，但这些必然对我今后的职业发展产生影响。

你是否经历过这样的时刻？为了突破职场天花板，跳槽来到一个新公司。明明觉得自己已从心理上做好准备，但先前建立的职业优越感却一再被陌生环境、陌生领域粉碎。

---

① 毛渝南先生毕业于美国康奈尔大学和麻省理工学院，是全球电信行业公认的领军人物。他于 1997—2006 年担任北电网络大中华区首席执行官，后加盟 3Com 公司并于 2008 年担任首席执行官，2013 年出任惠普中国区董事长。

初到北电，我同时遭遇职业和地域上的转型，无论文化、语言、气候还是工作节奏都是全新的，需要适应，生活上又没什么朋友，于是把全部心力投入工作，希望能尽快做出成绩。然而，曾经在香港律所独当一面的高级律师，现在却因为小纰漏、小误会，被视为一个毛手毛脚的“新人”，这种巨大的落差感，让人难堪。

夜深人静的时候，我开始怀疑自己是不是选错了：其实上一份工作也不错，为什么不在舒适区里待着？毕竟我并不像初入职场一样毫无选择，为什么要强迫自己再吃苦头，一切重新来过？

这么消沉了几天，我告诉自己，从哪里摔倒就要从哪里爬起来。我提醒自己保持冷静，试着去把“情绪”和“现实”做一个切割，开启理性模式，重新审视整件事。

回顾之前的错误，我很快意识到，我的确有理由感到落差，但老板和其他同事也跟我一样经历着落差：

在律所，作为律师，我只需要对客户负责，帮他们处理复杂棘手的案子，扮演外部参谋的角色；在企业，作为法务，我是客户诉求与企业权益的连接者、协调人，大家对我期待更高，希望跟我成为并肩作战的战友。

新的岗位要求我对企业的利益、顾虑等感同身受，在其他人还没意识到问题的时候，就能用专业能力对冲法律风险，将合作双方的权益最大化。而我似乎还没适应这样的角色转变，因循做律师时的经验行事，难免跟公司诉求发生冲突，自己委屈，老板和同事又何尝不失望呢？

找到症结，我决定着手改变。

扭转负面印象的 3A 法则

信任的累积就像不断往银行账户里存钱，多存少取，细水长流，而非一蹴而就。后来每接手一个项目，我都非常谨慎，专注地工作，一点点地积累业绩，慢慢展现自己的法律技巧、商业判断力、领导力，同时等待机会来临。

后来，北电希望和普天在通信 3G 领域达成合作。北电总部在加拿大多伦多，当时恰逢加拿大总理即将来华与时任总理温家宝会晤，北电内部希望尽快推进该项目，让两国总理共同见证协议的签署。

当时我已逐渐得到毛渝南先生信任，升任北电中国的法律部负责人。谈判到最关键的时刻，得知普天的领导在北京郊区宽沟附近的酒店开会，我便与首席财务官陈鸿昌连夜赶往宽沟。从我家出发，单程就要 2 个小时，开始坐下来聊时，已接近半夜 12 点。那天双方做了关键的谈判，最终成功签订了战略合作协议。

这件事之后，毛渝南先生对我的印象彻底改观，认为我有大局观又能维护公司利益，还能配合业务部门同事进行谈判。这距离我入职之初的两场"败仗"，已经过去了两年。

后来，在老板授意下，我又参与了很多重要项目。

北电中国的办公室设在北京王府井新东安写字楼，随着业务规模扩大，公司开始考虑兴建大中华区总部基地的写字楼。恰逢北京望京开始筹备电子城，我全程参与项目谈判，并起草了一系列法律协议，确保北电在望京电子城的新址如期完成。

我还帮助重整了沈阳北电的合资企业，为深圳通广北电合资企业的销售项目谈判到一个好价格，并帮助项目顺利交割。

2001 年，随着互联网泡沫的破灭，全球股票市场萎靡，北电的国际业务也开始走下坡路。北电中国的业务逆势增长，在整个大中华区的收益里大概占比 70%。取得这样的成绩，跟毛渝南先生的战略决策与整个团队的拼搏是分不开的。

记得当时北电中国有一笔 10 亿元人民币的应收账款，最早想卖给中国银行，结果被中国银行信贷委员会否决。

得到这个消息，我作为北电中国的法律部负责人和谈判代表难过了很久，甚至关上门一个人默默流泪。处在我的位置，我明白公司当时的资金压力有多大，而我们这些参与跟中国银行谈判的人又付出了多少心血，这样的失败让我从个人感情上很难接受，也促使我在接下来和有合作意向的民生银行的谈判中，全力以赴。

我领导法律部支援其他部门，经过好几轮谈判，最终以优质应收账款做担保（欠款人都是类似中国移动、中国电信、中国联通这样的大企业，所以风险比较低），分几批把总额 100 亿元人民币的应收账款（包括最初想要卖给中国银行的那笔）卖给民生银行，使北电中国成功度过了现金流危机。

我们在生活或工作中难免会遇到别人的负面印象（无论是不

是自己的问题)，怎么克服这种情况呢？下面是我遵循多年的3A法则。

1. 态度（Attitude）

我知道人生充满挑战，别人对我产生负面印象是难免的，毕竟生而为人，每个人都有很多缺点和不足。人生要成事、要成功不容易，无论面对个人还是职业上的挑战，都要树立正面积极的态度。

正面积极的态度不是天生的，需要后天的选择和学习，如果我不选择正面积极的态度，自然有负面的情绪、思想和态度“趁虚而入”。此时我需要反思的是：负面的情绪、思想和态度对我有什么益处？它可以帮助我面对挑战吗？如果答案是否定的，我唯一的选择就是正面积极的态度。如果我将正面积极的态度作为习惯，就有机会做出有建设性的改变，使我更加快乐、闪耀和成功。

2. 自我意识（Awareness）

有时候，我们对于人、事、物的态度，不是有意为之，而是无意识的反应。人是习惯的动物，我们每天无意识的思维和行为源自多年养成的习惯。为了审视自己对某事、某人是否有负面的态度，需要反思：

- 在我的生活中，我经常对什么事或什么人有负面的态度？
- 就这些事或人，我可以有正面积极的态度吗？
- 负面的态度对我和我的生命的影响是什么？正面积极的态

度对我和我的生命的影响是什么？

3. 对自己的思想和行为负全部责任（Accountability）

一旦决定要有正面积极的态度，我们就必须不断地学习和练习，使自己时刻保持这种态度。因为我是唯一可以为我的生命负责的人，我是我生命的总设计师，我的体验和我得到的结果反映了我的态度。

这个过程中，最好有个正面积极的“小伙伴”（比如朋友或家人）来鼓励和监督我，如果我的言语或行为有负面的意味，她/他可以指正并开解我。我很幸运，我的这位“小伙伴”是我的妻子，她会聆听我的不满和困惑，然后引导我往正面积极的方向去思考和行动。

另外，我有写日记的习惯，我每天会用PIN的方式记录一两个人、事、物，以此强化正面积极的态度。PIN是以下三个词的首字母缩写：

- Positive（正面的）：该人、事、物正面的地方是什么？
- Interesting（有趣的）：该人、事、物有趣的地方是什么？即用有趣或自嘲的角度去看那个人、事、物
- Negative（负面的）：该人、事、物负面的地方是什么？

通过“小伙伴”和“日记”的方式时常操练正面积极的态度，往往会出现意想不到的奇妙效果。

比如，我做企业法律总监的18年中碰到的个别业务高管脾气非常暴躁，很多时候为了达到业务指标不择手段，我不得不提醒他们相关法律风险（包括刑事责任、民事责任、行政处罚和连带影响），但他们还是固执己见，这时我会告诉对方，执迷不悟，后果自负。他们往往会发很大脾气，我则用平常心来尽律师的责任，指出法律风险并提出相应的解决方案。

回家后，我会用PIN的方式把这件事记录下来：

- Positive（正面的）：我明白且理解业务高管为了达到业绩指标所承受的压力，我欣赏他们的冒险和进取精神
- Interesting（有趣的）：真有趣！明明是可以理性商量和讨论的问题，为什么这位业务高管会发这么大的脾气
- Negative（负面的）：这位业务高管无法控制自己的情绪，对自己的身体、对周边的人（包括他的家人、朋友和同事）都不好，这样很难团结团队，很难行稳致远

记录下来后，我的心情更加平静和理性，再次确认自己不能与这些业务高管争吵，而要以正面积极的态度继续与他们商量解决方案，希望达成共识，如达不成共识，我也可以用平常心接受现实。

以上的3A法则使我可以坦然面对在生活或工作中遇到的非议。我觉得只要我自己问心无愧，就能消除患得患失的心态，患得患失的心态会使我焦虑，发挥不出应有的能力和水准。

处理棘手问题的 4P 模型

适应企业法务工作的过程中，我总结出一套面对复杂选项时的决策工具，我将其称为 4P 模型，即人物（People）、政策（Policy）、程序（Process）、政治（Politics）。

遇到棘手问题，我首先会分析人物：什么人需要参与决策、应该由什么人负责任、什么人执行、什么人我需要知会；

接下来，我会问自己：公司政策和程序是怎么规定的，它们对于我的意见和最终决策有什么样的影响；

最后我还会考虑政治（包括关系）因素：相关人员的利益、关系是否和谐，是否存在斗争或冲突。

这套 4P 模型帮助我度过了在北电 5 年的职业转型，也伴随我成为埃森哲大中华区的法律总监。假如你正在面临职业上的艰难转型，犹豫是否应该放弃舒适区，顶住风险探索未知的领域，这套模型能帮你化繁为简。你可以试着这么分析：

- 人物：我追求什么样的生活？我想成为什么样的人？我需要通过猎头公司来寻找机会吗？我需要找什么人商量？是否有职业导师可以请教？
- 政策：离职或转行是否违反竞业条款？是否存在法律上的风险和羁绊？
- 程序：我接下来的行动路径，对我的选择有哪些影响？
- 政治（包括关系）：我的同事 / 家人会有什么反应？会否影

响到我们之间的关系？

职场上面对风险，包括陷入道德困境时，4P 模型同样能帮你看清本心：

- 人物：这件事如果被我的同事、父母、朋友知道，我感觉怎样？
- 政策：这样做违反法律吗？违反公司制度吗？
- 程序：如果要做这件事，接下来大概有怎样的行动路径可以规避风险？
- 政治（包括关系）：如果这件事被媒体报道出来，我有何感受？对我有何影响？

在北电工作期间，有一次毛渝南先生私下告诉我，其实一个人的学历怎样、毕业于哪个大学并不重要，最终能否成功，关键看他（她）会不会思考，是否热爱阅读、写作，能否持续学习成长并善于表达分享。

职场转型要突破瓶颈，自我驱动很重要。尤其是对已经有一定经验和积累的人来说，把过去清零，用谦卑心态从头学起，就好像将自己最脆弱的部分掏出来，任别人挑剔、评论，难度可想而知。

怎么做到？下面是我的建议。

3

自我清零，厚积薄发轻装前行

我常常觉得，除了少数衔着金汤匙出生的人，我们多数人生下来都是一块普通的石头，成长中不断被粉碎，好不容易收拾好散落一地的碎片，新一轮的敲打、重锤又开始了……经过痛苦的重塑、再造，那些能坦然接受厄运、不惧随时把自己清零的人，会迎来“基因突变”，最终成为一块闪闪发光的玉石。

人的成长，就是一个不断淬炼的过程。达成阶段性目标后，放下所谓的光环和成就感，把终点作为新的起点，重新出发，才能站得更高，走得更远。

速食时代，请慢下来

我们生活在一个不断加速的年代。

我刚开始工作时是 20 世纪 90 年代初。当时跟客户打交道，要么亲自跑去店里，要么通过电话和传真。尤其漫长的是与海外客户沟通，常常是传真文件第一天发过去，第二天才能收到反馈。

几十年过去，拜科技发达所赐，这种缓慢的、延迟的满足感已经所剩无几了。

发条微博，立刻就能收到评论；点个外卖，配送时间超过 1

小时就会觉得太慢；亚马逊之所以投资无人机技术，是因为客户太不耐烦等待次日送达，他们希望现在就得到，而不是以后。

社会也在鼓励这些快速和即时的满足感。媒体不断宣扬青年才俊的创富神话，老牌创业者还在以低调自勉，90后、00后的互联网新贵们已经急着发表自己的成功经验了。

张爱玲那句“出名要趁早”成为新时代的脚注，一种对成功孜孜以求、生怕来不及的空气弥漫在四周。

我很欢迎方便和效率，但多年合规律师的职业经验也提醒我：过度渴望速效、急于成功的心态，是有风险的。

首先，生活中最珍贵、最美好的东西往往不是速成品，比如令人满意的工作、理想的配偶、持续终生的友谊。因为世上最贵的不是金钱，而是时间。一些真相，穿过时间才能看清；一些结局，隔着岁月才能盖棺论定。

其次，人会成长，环境会变化，人生没有一劳永逸的完美路径。一个人在少年乃至青年时代，就清晰笃定地做好人生规划和职业选择，是太理想的状态，其实大多数人做不到，包括我。我经常开玩笑说，我很擅长做一件事：晚一步起跑。读书晚一步、毕业晚一步，至于确定自己喜欢做什么，就更晚了。但是没有关系，有的人生像热烈如火的探戈，有的人生则是缓慢悠长的华尔兹，套用鸡汤的说法：别担心来不及，用耐心在正确的方向上努力，你想要的，岁月都会给你。

最后，对速效的追求，容易使人一叶障目，过分在意眼前的得失，忽略未来的风险。尤其在二十多岁这个阶段，专业知识、沟通能力、人脉资源等的构建，会对未来职场发展产生深远影响。急功近利，基础没打好，甚至路走偏了，事业发展会缺少后劲。

基于以上因素，我对“趁早”之类的提法始终抱持怀疑的态度，比起“来不及”，我更推崇的词是“耐心”。

职场起步阶段，需要耐心。

当你作为新员工开始第一份工作时，很明显会有一个学习曲线，直到你适应新的角色并能胜任工作。

当然，也有一定概率你会发现，其实你并不喜欢这份工作，你渴望的是另一种职业、另一种挑战。但分辨出你是暂时不适应，还是真的不喜欢，依然需要时间。

想在工作中得到提升，需要耐心。

拥有耐心和毅力的人，在任何领域都能深扎下去，用耐心练好内功，日复一日，年复一年，不断精进，成就备受推崇的匠人精神。

取得事业成就的同时获得幸福感，需要耐心。

职场上坐拥财富和权力的人，未必是最幸福的人。如果没有搞明白“对我而言什么是幸福”和“我想成为什么样的人”，就开始提速奔跑，在长时间的奔波之后，内心只会积累下越来越多的压力，感到不满和不幸。

突围的三个路径

我从埃森哲离职开始创业之后，有朋友觉得我掌握新知识、新技能非常快，做事也不费功夫，其实并非如此。

我从来不是什么拥有天赋、资源优势的天之骄子，迄今取得的所有成绩，都源于刻苦加用心。要说有什么过人之处，无非是勤于并善于总结方法，为自己量体裁衣，找到突围的路径。

第一，回归基本

我曾跟随一位师傅（郭运平）学习太极拳。他是印尼华侨，很小就被家人送回国，在武学大师傅振嵩[①]家里做清洁工。大师曾是北洋军阀奉系首领张作霖的保镖，武艺高强，我的老师就一边当清洁工一边观察大师怎样教授徒弟，举一反三，最后竟学得比徒弟还好，终于打动了本来不外传武功的大师，将他收为正式弟子。

我在北电网络公司任职时，老板毛渝南先生出身世家，从小就在美国最好的学校读书，学成归来后视野开阔，学养丰厚，在公司讲话基本不看讲稿，挥洒自如。

跟这些天赋异禀、资源优厚的人相比，我在学习成长上一贯比较驽钝，学什么都比人家慢。有的人发表演说张嘴就来，我总是花很长时间去准备；无论生活技能还是专业知识，别人可以边玩边学很轻松，我却如临大敌，必须严阵以待。好在少年时苦学上进的经历，让我碰到难啃的骨头时，懂得回归基本，扎实钻研。

---

① 傅振嵩（1881—1953）：字乾坤，号剑南，河南沁阳马坡村人，师承八卦掌祖师董海川的高足贾岐山和陈氏太极拳第八代弟子陈延禧，是北拳南传的带头人和贡献者之一，曾任两广国术馆副馆长、总教练。

曾国藩在《曾文正公嘉言钞》中写道："吾辈读书人，大约失之笨拙。即当自安于拙，而以勤补之，以慎出之，不可弄巧卖智，而所误更甚。"

曾国藩是大巧若拙的智者。接纳现状，后来居上，同样能成就一番伟业。对我来说，承认自己的笨拙，是勤力的起点。

我从小英文就是弱项，独自旅行时又闹过笑话，所以在英国学法律时，刻意补足了英文书写功力。回香港后进入律所，英语的笔头功夫还行，但口语表达，尤其是法律专业上的涉外交流，依然成问题。

为此，我专门在香港请了一个来自英国伦敦的英语老师（即前文提过的辛普森女士），一对一，从单词、音标开始纠正我的英语发音。

这位老师讲一口标准的伦敦中心区英语，也就是所谓的"Queen's English"[①]。每周二午餐时间，我会抽空和她见面上课，平时也注意纠正发音。我还购买了大量涉外书籍、法律英文磁带等，边学边练，用各种笨办法苦学，多年后终于能做到在正式场合与国外客户交流法律业务时，也能对答如流。如今我用英文演讲，甚至比普通话还要流畅。

进入互联网时代，人们的选择多了，容易迷失在信息之海，难免贪多求快。我自己也有过买了课程但没有坚持学完的情况。事后反思，"获得感"跟"获得"有本质的差别，我们刷手机、

---

① 英国皇家英语，也称标准英语。

买课程，享受那种获得的感觉，但学习是没有捷径的，要把知识内化成自身的一部分，还得勤勉。

即便是有天赋的人，要提升职场技能、涉足新领域，也要回归基本，从ABC开始，一步一个脚印去学习。基本功没练好，瓶颈会很快出现，到时候你就会被打回头。笨功夫做足，才能轻松起舞。

第二，把小事做到极致

有一年我带妻子参加埃森哲年会，我们要表演一个节目：拉丁舞。

当时我们要以节目表现来争取员工们的慈善筹款，给埃森哲赞助的三所希望小学。我希望表现好一点，对自己和员工们有交代，就不停拉着妻子排练，直到她跟我抱怨："又不是参加比赛，排练一百遍有必要吗？老这么转圈，我都要吐了。"

的确，我们排练了无数次：每天规划排练进度，反复练习台风和舞步，带伴奏来多少遍，不带伴奏来多少遍，还要自己录下来，从不同角度看，每个细节都要提高完善……

为一件小事重复那么多遍，的确很累，尤其是我的舞蹈基础还很差。但我并不觉得自己在做无用功，准备好才是真正的轻松之道，就像人们常说的：你必须非常努力，才能看起来毫不费力。

这样做不是为了给别人看的。一来跟别人比，我在很多方面确实起点较低；二来我做事情遵从的是自己内心的标准——如果哪件事我没做好，哪怕在别人看来还可以，我会两个礼拜都不高兴，不停责问自己为什么没有尽力。

我很喜欢尼采的一句名言：“每一个不曾起舞的日子，都是对生命的辜负。”这句话的意思是，生活中我们每天都要满怀激情地绽放自己，做我们应该做的事。

在2020年席卷全球的新冠肺炎疫情中，钟南山院士以84岁高龄临危受命，可谓老骥伏枥，壮心不已。在感佩老人家大爱的同时，我亦感慨人生苦短，既然明天和意外不知道哪个先来，唯有把握当下，珍惜此刻，把小事做到极致，让生命跳出华美的舞步。

要打破职场天花板，基本功之上，还要学会为人处世，让周围人对自己有良好认知。我经常提醒自己要竖起耳朵听，张开嘴巴问，把细节做到极致，而不是自以为是。

第三，清零过去，轻装前行

在写作本书的时候，我正在准备一次考试。

办公桌上堆积如山的法考复习资料、马拉松式的课程学习、工作之余的紧张备考……需要更新迭代的各种知识讯息扑面而来，我觉得自己好像又回到青年时代。跟30年前不同的是，与我一起参加法考的“对手”都是年轻人，给我上网课的培训老师大多也比我年轻。

太太见我像新生那样投入备考，开玩笑说：“你这个资深律师、高龄考生要是考砸了，在那些后辈同学面前就要丢面子喽!”

我反驳：“怎么会呢？三人行必有我师，年轻人也有他们的优势。考砸了说明我没学好，继续努力就是了。”

这不是在太太面前假装谦虚，我心里真是这么想的。

我在 30 多岁时遇到一位名叫霍韬晦[①]的智者，那时候我非常自负，他跟我说，年轻的时候，懂得再多也是少，因为年轻。我听从他的教诲，现在 50 多岁了依然觉得自己什么都不懂，还要努力学习。

不过，在跟孩子们分享这句话时，女儿马上质疑："爸爸，不要以年龄来压我们嘛，年轻人也有老人家没有的优势!”想想也有道理，时代不一样了，每一代人都有认知短板，所以更不能因为之前取得过一些成绩而骄傲自满。当一个人习惯以长者自居，以“过来人”身份教育别人，就会停止成长，也就失去了冲破瓶颈、不断上升的力量。

不断把自己清零、打回原形，在精进自我的同时，还能永葆年轻。

前两年碰到一位出租车司机，我习惯性地要用微信支付车资，师傅却说没有微信，我就给了他现金，半开玩笑地说：“微信现在这么流行，也很方便，你可以尝试一下。”

“我都 50 岁了还学什么新东西?”他摇摇头。

我比他还要大几岁，还在天天学习新东西呢！下车时这么想着，我忽然觉得自己比他年轻多了。

---

① 霍韬晦（1940—2018）：当代思想家、教育家、佛学家，受业于唐君毅、牟宗三两位哲学大师，后在香港中文大学教授中西哲学、佛学超过二十年。

第八章

回归初心：

遭遇困境，怎样精进自我

我们每个人都有自己的使命，就像指纹一样独一无二。成功的最佳方式就是发现你所爱的事物，然后以服务的形式奉献给他人，努力工作，同时让宇宙的能量引领你。

——美国脱口秀女王　奥普拉·温弗瑞

1

成长的烦恼：从“坏小孩”到好律师

2016年，我带着女儿回到香港，再次来到闽侨中学门口。

如前文所说，这里是我人生的一个转折点。

在闽侨中学的教导处前台，我告诉女儿：“爸爸读中学时理科成绩很差，一度打算不上学了。你奶奶对我说，不读书，出来可以去工厂做工，一个月3000块。然而就在去学校办理中四‘蹲班’签字的那天，我忽然觉得不甘心，决定转学文科，发愤读书。”

从学校出来，我又带着女儿去了一个高级社区，中学打工时我在那里做保安。我把曾经待过的门岗指给她看——就是在那儿，我曾偶遇我的老师，我不好意思让她知道我在当保安，慌忙躲开。这次偶遇也让我知耻后勇，明白读书就要读出个样子来。

30多年过去，昔日情形历历在目，旧地沧桑如故，而我已不是那个窘迫、慌张的少年了。

我带女儿故地重游，是为了告诉她：爸爸现在看起来对你很严厉，不是因为我有了成绩就可以颐指气使，而是要告诉你，不论你出身贫寒还是衣食无忧，真实的世界都是这么残酷，不努力，生活就会狠狠地教训你。

这是我送给女儿的一份礼物、一份砥砺，也是对自己的一个提醒：在前行的路上，不忘初心。

不忘贫寒，逆流向上

妈妈经常说一句话：我们是“认路狗”。在闽南话里它带有戏谑的自嘲味道，形容人像狗一样卑微，但是起码懂得认路，不会走丢。

老老实实走该走的路，勤勤恳恳地坚持，这是应有的人生态度，但路的方向在哪里，其实我年轻时也很迷茫。

初到香港，这个繁华都会拥有太多新奇的人、事、物，远超出我的想象力和理解力。看到报纸上的广告说，香港希尔顿饭店的一份午餐商务套餐要70元港币，我觉得：“有毛病吧，70元吃商务套餐？我7毛钱都能吃一顿饭!”当时香港正在筹建机场，我心里想：“盖什么机场，浪费钱！我20岁还没有坐过飞机，这东西有什么用呢?”

面对繁华世界，我的第一反应是否认、拒绝，后来才明白，那是一种对自己无法拥有的美好生活的羡慕与嫉妒，改变不了世界，只能自己骗自己：没有也很好。

等我从最初的小圈子里慢慢走出来，打开视野，才领会到香港的好生活是什么样的。比如，我去餐厅做零工，推着车去收拾餐盘、碗碟，看到有位客人拿一张信用卡出来结账，我觉得："真是太酷了！什么时候我才能有自己的信用卡？"

从"有什么用"到"我也想拥有"的思维改变，让我开始努力跳出所处环境，试图融入更好的圈子。

毕竟，我来到香港后，周围邻居都是出身贫寒的新移民。一起玩的同龄人，都没读过什么书，很多人中学都没毕业就出来工作，选择无非三种：在工厂打工、去工地做民工、送信做邮差。平时大家稍有空闲，就喜欢在一起抽烟喝酒，日子好像也很轻松。我受年龄和见识所限，当时还不明白这背后隐含的问题，但隐约觉得"如果继续这种生活，我这一辈子可能也就这样了"。

一天，病中的爸爸带我坐最便宜的轨道车，去看怡和大厦。怡和大厦当时称为康乐大厦，楼高52层，是香港首幢摩天大楼，在20世纪70年代是香港和整个东南亚地区最高的建筑物。

记得我和爸爸站在马路边，仰头看着高耸入云的楼宇，大厦外立面的玻璃圆窗在阳光照射下发出耀眼的光芒。我心里冒出一个念头：自己什么时候才能在里头拥有一个位置？

爸爸并没有说什么激励的话，作为一个普通工人，没钱带儿子出去消遣，一起来看香港最高的大楼，是比喝酒更好的消遣方式。或许他心里也曾闪过跟我同样的念头，但自己也觉得是痴人说梦，所以压根儿就没跟儿子说出口。

凑巧的是，1994 年我入职高伟绅律所，办公室就在怡和大厦，我终于在这里拥有了一扇窗口，过上了少年时曾抬头仰望的生活。可惜当年陪在身边的父亲已经去世多年，无缘见证在小儿子身上发生的奇迹。

不忘贫寒，逆流而上，是父亲没有说出口的教导，也是我希望跟自己的孩子分享的人生信条。

有一句话说：知来处，明去处。出身贫寒、见识浅、起点低……在一个人成长的过程里，障碍会一个接一个冒出来，哪怕衣食无忧，升学压力、就业竞争、办公室政治等，也无从逃避。遇到挫折时想想自己的“根”在哪里，感恩所拥有的东西，脚踏实地地走，终会有所成就。

不忘公义，平等待人

成为律师，是从童年时期就在我心里种下的一颗种子。

小时候，“坏学生”的标签跟随了我好久。很长一段时间，我被认为是问题儿童、边缘少年，周围几乎所有人都觉得我要当“黑社会”，进监牢。这倒也不全错——当年我的一些同伴，的确有不少真成了“黑社会”。

没有天生的问题少年。对我来说，变“坏”，是为了保护自己，反抗霸凌。

我读小学的时候，家人从福建漳州搬回前港村，但我仍留在漳州读书。虽然两地相隔不过一百五十公里左右，但那个时候交通落后，需要五六小时颠簸的公交车程。

我们因为外地人的身份受到歧视，以至我每天上学路上都胆战心惊，不知道本地同学会不会突然跳出来追打我。我的担心不是多余的，我经常无缘无故挨打。没有帮手和朋友，我不敢走容易遇到同学的大路，经常绕道很远的田间小路，迂回曲折地上学。

后来爸爸带着两个哥哥去了香港，失去家人保护的我，处境更危险了。不敢告诉妈妈，怕她担心，我开始在四下无人时，模仿电影里看到的战士攻击和防守的姿势，偷偷练习身手。

有一次，一个经常欺侮我的同学，再次无故将我桌上的书本扫到地上。我要求他捡起来，他却神情凶恶地将我推倒在地上，还要挥拳打我。

我忍无可忍，打算与他拼了，拿起削笔刀回击过去。一贯认为我软弱可欺的对手没有想到我会还击，条件反射地挥手一挡，被刺中了右手的大动脉，当即血流不止，被紧急送往医院。后来老师告诉我，如果不是及时就医，他可能会因流血过多而死亡。

我付出了代价：全校通报，暂时停学。妈妈这才知道我在学校一直受欺负，既心疼又忍不住责备，因为误伤同学，必须节衣缩食赔医药费、营养费。如果受伤的同学有什么后遗症，我没书可念还是小事，我们家怎么赔偿得起呢！而且派出所的警员告诉我妈妈，我可能要被送去少年教导所。好在经过几个星期的保养医治，那个欺凌我的同学康复了，我们全家都松了一口气。

这次事故让我变得“恶名昭著”，曾欺负过我的人看到我就远远逃开，而那些像我一样经常被欺负的同学，都视为我救星，觉得我帮大家出了一口恶气，伸张了正义。

几十年后，没想到霸凌事件依然在当代校园里上演。每次看到这样的新闻，我都很心疼那些敢怒不敢言的受害同学。如果说我有什么过来人的经验，那就是：

第一，不要独自承受一切，把事情原原本本告诉你的家人，然后一起寻找最合适的对策。

第二，着手反击。施暴者不会因为你软弱而收手，锻炼身体，学点拳脚上的功夫，关键时刻就能形成威慑。

第三，注意反抗的尺度，过犹不及。当年我用削笔刀回击，显然用力过猛了，幸好同学没事，否则这会给我俩及家人都造成终身遗憾。

回到我的故事。后来到了香港，随着我逐渐成长，学会了更好地保护自己。

就读闽侨中学后，我作为来自贫困家庭的孩子，被欺负依然是家常便饭。读中四那年，学校有个恶霸同学，长得人高马大，据说有“黑社会”背景，经常针对我各种挑衅。我跟着影视剧偷学的那些三脚猫功夫，吓唬人可以，遇到这样的强敌，哪里是对手呢？因此常常被他打得鼻青脸肿。

我当时课余在录音带工厂打工，就跟老板李先生倾诉被霸凌的遭遇。我平日工作一向努力，他很喜欢我，决定替我出头。

李先生是个很讲义气的人，过去打过拳击，师弟是香港拳击协会会员。他让师弟用香港当年那种老式货车载了一车人，堵在校门口，准备等恶霸同学一露头，就替我打回去。后来被校方发现，及时劝阻，这场仗没打起来，但我“一战成名”，成了孩子头。大家都以为我背后有势力，都来投靠我。其实李先生根本不是“黑社会”，而我出于自保心理，也没有解释，巴不得大家觉得我很厉害。

此后在学校，再没有人敢欺负我了，我终于扬眉吐气，可以安心打工、读书。然而出了校门，歧视、羞辱就像人的影子，还是甩不开。

我 17 岁时，有一天去沙田的赛马场。因为不满 18 岁，被拒绝入场。我沮丧地离开，被一旁执勤的警察注意到，马上过来要求检查我的身份证、搜查我的身体。在那个年代，像我这种并不真正属于这里的外来穷人，时常遭受各种冷眼，他们看到身份证上显示的是临时而不是永久居民，就大声嘲笑我，还说了很多难听的话，并且用手狠狠推撞我。

这件事极大刺激了我，令我意识到，以我当下的处境，在香港不读书是翻不了身的，此外还存了一个念想：好好读书，然后考上警官，再去教训这些侮辱人的警察。

事实上，我大学毕业时的确去考过警官，因为只要考上就是警官，不用做低级警员。但我当时太骄傲自大了，觉得自己稳进，没做什么准备，穿了一双两年没洗的白色彪马运动鞋，背了一个大网球包，装满了乱七八糟的书和杂物，就去参加面试，结果以失败告终。

成长过程中遭遇的各种不公，埋下了我希望从事追求公义与平等事业的梦想种子，也是我大学毕业后一边做销售，一边坚持学习法律课程的深层动机。

我很小的时候，北边的省份有一年发生洪灾，很多人逃往南方求生。其中有位盲人女性，大约 40 岁，一身破烂肮脏，一爬一颠地在路上摸索。我们本村的一拨小孩看到了，觉得很滑稽，就捡起石头扔她，她每次被砸中都会发出咆哮声，这让我们觉得新鲜又刺激，笑得很开心。

等我长大后，当时的场景经常浮现在脑海，每每内疚于我们的所作所为是何等不人道和缺乏怜悯心。我衷心希望这位盲人后来能得到民政部门的照顾，如她已经去世，希望她在天之灵可以原谅我当时的无知。

一路走来，我很清楚被欺负时如果没有人为你主持正义，生活是多么艰难痛苦，但当换到旁观者的角色，有时又会不自觉地表现出冷漠，甚至成为施暴者。人性就是这么复杂幽微。于是我告诉自己，这辈子决不可以欺负弱势群体，如果有可能，要尽力帮助别人，做一些力所能及的善事。

叔本华曾说过："医生看到了人类所有的弱点，律师看到了所有的邪恶，神学家看到了所有的愚蠢。"看到邪恶，正是抵制邪恶的开始。

曾任通用电气总法律顾问的本 · 海涅曼在《内部法律顾问革命》(*The Inside Counsel Revolution*) 一书中大力提倡商业律师的

“公共精神”——一个好的律师，应该能令企业在高速发展与高诚信之间取得最佳平衡，能促使公司进行经营活动时合法合规，扼制或打消其不当逐利的行为，从而推动社会进步。

少年时的经历加上多年的律师从业经验，越发让我坚信社会公义与公平的重要性。律师不仅仅是一份职业，更是一种公共信任，在工作中为促进社会和谐、程序正义尽一份力，有机会就积极回馈社会。

我的初心是不忘贫寒，逆流向上。无论一个人取得多大成就，牢记过去是怎么一路走来的，才能保持谦逊之心。

我的初心是不忘公义，平等待人。从少年时代饱受欺辱的“坏小孩”，奋斗成为一名律师，我始终记得法国作家罗曼·罗兰的那句话：“世界上只有一种英雄主义，就是看清生活的真相之后，依然热爱生活。”

不忘初心，方得始终。

2

生活的意义：面对疾病，重审自我

我一路打拼。人到中年，一场意外的发生，迫使我停下脚步，再次思考人生价值，也让我有更多时间重新审视生命中那些最重要的事。

这个故事，要从一件礼物讲起。

电子表与番茄钟

2020 年，新冠肺炎对全人类来了一场突袭。疫情最严重的春季，我独自在深圳创业。虽然很多合作项目、国际会议被迫暂停，我每天还是忙个不停，做将来的商业计划书。

抽空和妻子视频时，她经常指着我腕上的电子表，开玩笑说：“别忘了你的强制性番茄时间!”

这块电子表是五年前妻子送我的礼物。我已经习惯用它来设立个人专属番茄钟时间：每工作 1 个小时，它就会发出蜂鸣，提醒我休息 5 分钟。无论多忙，到点了我会站起来，给自己倒杯水，或者做段拉伸，暂时离开办公桌，让身体和大脑都喘口气。

我之前二十多年的工作习惯，一直是要用干净每一分钟才算尽力。随着工作量与日俱增，一天连续工作十多个小时成为常态，我的身心一直绷得很紧，处于疲倦期。

妻子特意送我一块电子表换掉腕上那块机械表，建议我试试年轻人中很流行的番茄钟工作法。其原理和心流法类似，都是将每日目标分解为可以分段实现的小目标，在工作中划定一个番茄时间段（25 分钟），再划定 5 分钟走神时间，让大脑有规律地休息，工作起来更有效率。

对我来说，25 分钟的时间间隔太短，1 小时比较合适。在电子表的“监督”下，本来要花 10 个小时才能完成的工作，8 小时就能搞定，平均每天节省 2 小时。这块手表不但让我找到了更高效的工作方法，也增强了我对工作和生活的反思。

喘口气，爱自己

在收到这块表之前，我的工作习惯是不断奔跑，只要精力允许，脑子里根本没有“喘口气”这个词，直到一切被强制暂停。

2015 年 3 月 5 日，我在书房准备晚上 8 点开会要用的文件，突然感到右臂有些麻痹，很快，整个右半身都不能动了。起初我不以为意，觉得过一会儿可能就会缓过来，但妻子坚持必须马上去医院急诊。

妻子开车去医院的路上，我还在想我是否可以参加晚上 10 点的视频会议——要是检查发现问题不大，我觉得我还能赶上。

诊断结果很快出来了：轻度中风。

我的整颗心像浸在冰水里，第一反应是：为什么是我？

妻子开始安排住院事宜。我打着点滴，看着观察室的窗玻璃上倒映出的这个男人：一脸病容，体形臃肿，衬衫开了一颗扣子，有气无力地耷拉着。

耳边再次响起巨大的嗡嗡声，随之而来的是熟悉的眩晕感——这让我更加懊恼。因为早在中风之前，我已经患有神经性耳鸣。

那是 2012 年，我出差下飞机后，左耳一直听到嗡嗡的声音。我以为是电梯机房的声音，但它如影随形，检查后被告知是神经性耳鸣。在此之前，我十几年都没生过大病。

妻子陪我辗转八九家医院，试过各种疗法，如针灸、中药、点滴等，都收效甚微。我去美国芝加哥出差时专门预约了知名的耳科专家，获知神经性耳鸣是一种很磨人的病，经常伴随眩晕、头痛，最痛苦的情况下会让人想要自杀，并且只能减轻症状，无法治愈。

从此以后，我需要一边屏蔽耳中的嗡嗡声，一边听清这个世界，开会、工作、睡眠……这种分裂感几乎要把我撕裂。好在我一向善于咬牙忍耐，安慰自己“轻伤不下火线”，努力把耳鸣当作生活的一部分。

耳鸣三年后的这次中风，是身体压力累积到极点后的再一次示警，它用摧枯拉朽的方式提醒我：别再怠慢身体，别等到一切都来不及。

2015 年，我刚刚跻身埃森哲全球法律部管委会，随着荣誉感到来的，还有与日俱增的压力：从早到晚都在跨时区工作，早上是大中华和亚太区时区，下午是欧洲时区，晚上是美国时区，还担任了几个项目的组长。

每天埋首于密不透风的工作，我的内心深处还有一种担心挥之不去：我已经获得华人在这家公司的最高职位，而且连续六七年的绩效考核都是优良，这种表现还能持续多久？想优上加优，再上一层楼，阶梯又在哪里？

虽然医生也说这次中风并不严重，但耳鸣之后又患上中风，我的情绪极度沮丧。人像陀螺一样疯狂旋转时无暇细想，可一旦大脑和身体同时发出警报，巨大的疲倦感和焦虑感就如洪水般袭来，让我感到快要撑不下去，一度患上抑郁症。

记忆里，病中很多细节都模糊变形。女儿说，那几个月，爸爸好像换了一个人：不修边幅，出门的行头从笔挺西装变成了二十几年前在英国读书时穿过的羽绒服；时而沮丧，时而暴躁，动不动就对他们发脾气。

那段时间，妻子是我最坚实的后盾。她内柔外刚，容忍我的喜怒无常，宽慰孩子们要多体谅父亲。她默默陪我承受一切，明白给我留出空间去思考，比不停安慰更有效。

我曾找心理医生做了一次咨询，效果不是很好。圣雄甘地曾说过一句话："找到真我的最佳途径，就是在为他人付出中丢掉自我。"我决定采取行动。

我飞往泰国曼谷，探望了我当时的下属——埃森哲泰国公司的法律总监。他当时身患癌症，即将开始化疗。我和他以及泰国团队一起吃了顿饭，代表公司宽慰他安心接受治疗，尽力为他争取合理范围内最好的待遇，也向他的团队承诺，若有需要总部支援的，我会协调资源，帮助大家解决问题。

我还保留着那天饭后的合照。没有人知道，那天我连走出酒店都需要做几个小时的心理建设——被抑郁症折磨，光是和这么多人一起吃饭这件事，就足以让我慌张恐惧，好像世界末日。

盖勒普全球咨询业务负责人汤姆·拉思认为，让我们保持"电量满格"的三大要素是：意义（做有益于他人的事）、互动（创造积极正面而非消极负面的沟通）、能量（做能够改善自身精神和身体健康的选择）。

接下来的日子，我强迫自己走出家门，活动身体，也开始关心和帮助周围身处困境的人。不断付出让我慢慢忘记自己的痛苦。看到世上种种不幸，我深切体会到应该感恩自己已拥有的幸运。

有天妻子陪着我在楼下散步，我拿出手机，对着花园拍了一张照片。妻子很诧异："你以前不管买什么样的手机都是用来工作，从来不拍照的。"我向她展示自己的作品：春天枝头的一朵花苞。

放慢生活的脚步后，我第一次意识到，这个我居住数年却视而不见的花园，暗藏着一个五彩缤纷的世界。

我的手机相册很快丰富起来：孩子们的书包、被拍糊了的半边笑脸、妻子做的菜、金鱼在鱼缸里游弋……各种别人看来莫名其妙的照片，记录了我重新感受到的生活之甜。

在我最为耳鸣所苦的时候，妻子说：既然治不好，何不顺其自然？也是在这一年，我脱下了机械表，换成妻子送的电子表。它为我的工作节奏安排了番茄钟，也是我身体的番茄钟，提醒我：照顾好自己，是人生最重要的事。

去生活，而不只是拼搏

学者诺曼·R. 奥古斯丁说："每一次危机本身既包含导致失败的根源，也孕育着成功的种子。"

我一直相信勤能补拙，没想到突如其来的健康警报，成为我中年后最大的一次挫折，这迫使我开始反思自己的前半生：在为工作打拼的同时，忽视了身体、心理健康，也没有私人爱好。习惯上紧发条生活，慢慢忘记了生活的要义。

如果时光退回到 30 岁之前，我会告诉一心奋斗打拼、习惯忍耐的自己：

首先，幸福不只有事业成功一条路，衡量幸福有多个维度

据说，在斯坦福商学院极受欢迎的领导力课程上，每个学生都要做一个生命轮练习，为自己生命中最重要的命题进行满意度打分（注意，是满意度，不是绝对高度）。评分范围是 0~10 分，10 分为最满意，0 分为最不满意。一个领域的分数越高就越靠近外圈，分数越低就越靠近圆心。把这些分数连起来，就构成了自己的生命轮。

很多学生发现自己有比较高的事业和金钱满意度，但是情感、健康和使命的满意度较低，因此他们的生命轮就不是圆的，也就无法平滑地滚动。①

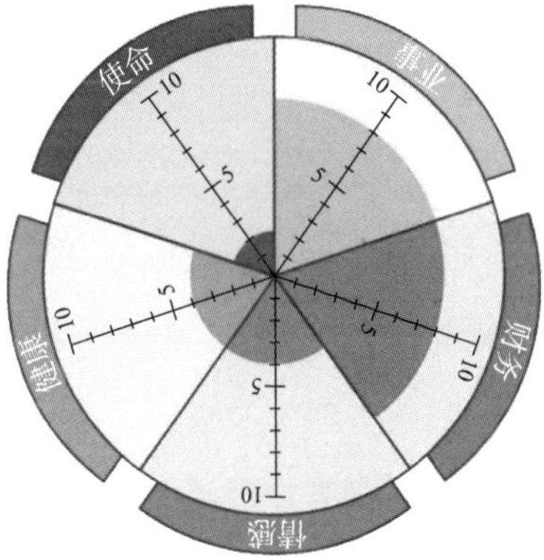

图 8-1　生命轮

① 生命轮的案例引自《美好人生运营指南》，一稼著，中信出版社 2018 年版。

其实我们多数人都像这些商学院学生，一心追求事业成功，在其他不容易看见的部分有缺损，导致生命轮就算满负荷运转，也因为不够平滑、圆满，而行动迟缓。

即使在轻度中风后，我仍然保持每天 12 个小时以上的工作量，但会用番茄钟控制节奏，再忙也会每周健身三次，将体重从最高峰的 87 公斤，渐渐减到 70 多公斤。

高压是高薪高职的副产品，为了将其危害降到最低，我们在努力学习提高工作效率的同时，还要注意锻炼身体，维护人际关系，照顾好心情。各方面得分均衡，才能提升幸福感。

其次，适当降低标准，求之于势，不责于人

生病后，我对自己的工作要求并没有降低，但我降低了对身边人的要求，简单说，少了很多“你应该”。

比如，我原来坚持在家吃饭一定要家人亲手烹制，色香味俱全，现在也可以接受相对健康的外卖；对于下属，我原来坚持应该知无不言、言无不尽地指点，现在则因材施教，对方有悟性就多说几句，没悟性就点到即止。

让我意外的是，下属们的业绩反而因此提升了——这也让我反省，之前自己身处高压下的言行，是否给其他人带来了不必要的压力。

《孙子兵法》说：“善战者，求之于势，不责于人。”降低标准不是对自己或他人不负责任。当你凡事追求极致，从 70 分做到 90 分容易，但从 90 分做到 95 分，甚至 100 分，往往要付出超过前者十倍、百倍的心力。为将者，要善于创造有利的形势，顺势而为去取胜，而非一味苛求部属拼死苦战。

与此同时，疾病的出现令我意识到，自己不再年轻。前半生相遇的老朋友中已陆续有人过世，如在宝洁时认识的好朋友才哥，以及埃森哲泰国公司那位罹患癌症的法律总监。生命如此短暂，我应该用有限的时间做更多有价值的事。

3

旅行的价值：看清初心和无限可能

如前所述，从 1977 年到 1986 年，整整九年半，我的生活就是半工半读，三点一线：学校—工厂—家，脑子里只有“上学放学”“上班攒钱”，终于成为 1% 进入大学的幸运儿。

然而，考入大学只是证明了我考试的成绩，对照“德智体群美”的标准，我实在差太远了。

我知道“德”与“智”是一辈子的追求，所以除学校的课本外，我会尽量多读一些中西哲学和历史相关的书籍。但论到“体”，因为常年从事体力工作，我变得驼背；“群”，我从来没有参加学校课外活动和集体活动的经验；“美”就更别提了——从头到脚都是一副穷酸样。

进入大学后，我开始通过健身和跑步来矫正驼背；参加了学生会的活动来学习组织和领导能力；还经过半年多的筹划，利用 1987 年的暑假去苏联和东欧做了一次流浪旅行。

这些“改造计划”背后是我的逆境记忆：

我奋斗的这九年也是生活在香港社会最艰难的九年。走在路上，经常被警察拦下来查身份证，还用各种粗言秽语问候我的母亲，辱骂我是“大陆仔”和“阿灿”[①]。我一度患了“警察恐惧症”，为了避开有些香港警察的辱骂和搜身，有时远远看到他们，我宁可多走路也要绕开。

我不服气，在心底告诉自己，要脱离当下的处境，向那些优秀的人看齐，甚至将来超越他们，成为更优秀的人。

虽然这些不愉快的经历是当时特殊时代背景的产物，但现在我要感谢当年辱骂我的人，是他们使我明白“人必自侮而后人侮之”，激励我要争气，成为更好的自己。

1987年，我提前几个月参加俄语训练班，认真阅读苏联和东欧国家的穷游指南（即怎么一天花低于5美元来旅行）并办理签证。钱是最大的问题，为此，暑假一开始，我就做了一份酒店客房清洁工作，一天要清洁14个房间，累得要命，然而干满一个月，旅费还是没攒够，不得不请求妈妈资助了几千块，即便如此，手头的钱仍然不够支付全程旅费。

但我想，如果此刻不出发，我可能永远不会再有机会做流浪旅行。英文有句话：“Just do it now. Sometimes, ‘later’ will become ‘never’.”（现在就行动。有时，这次不做意味着没有下次了。）。

---

① 1979年香港电视剧《网中人》中，廖伟雄扮演一个由内地到香港、又土又潦倒的穷人“阿灿”，此后一段时期内，“阿灿”常被用作内地移民的蔑称。

那次旅行让我体验到人生的很多第一次：第一次离家远行，第一次坐飞机，第一次当“土豪”，第一次睡墓地……我带着“要比一般的香港人更国际化”的念头，增长了见识，实现了蜕变。

穷游并不舒适。好在年轻的时候，不用操心家计，不用担心前途，没钱不会影响我们的心情，反而会激发体内的冒险因子，改变我们对世界、对生活、对自己的认知。

旅行是生活的伏笔

当时香港的同龄人更流行去西欧或者美国旅游，而我却选择了苏联。因为我一直喜欢历史也关心政治，隐约意识到苏联这个政体恐怕不能长久。欧美诸国以后再去不会有大的改变，而见证一个庞大国家最后残照的机会却不可多得。

我先过关到深圳，然后坐火车从深圳到西安，最后在北京集合。出发时，我才知道这是一个由来自世界各地的游客拼凑的自由团，稀里糊涂的，我就被任命为团长。接下来的行程，我要负责和当地地陪接洽，虽然又是个没想到的工作，我仍然愉快地接受了。

这是一次漫长的行程。按照计划，我们将坐火车从北京经过西伯利亚地区到莫斯科，再到列宁格勒（现在的圣彼得堡）、波兰和其他东欧国家。

这是一列古老的绿皮火车，车窗可以自由开关，一路上灰尘扑面而来，但所有团员都不以为意，一通天南海北地聊，很快成为朋友。

这次旅行让我更清楚地意识到自己英文水平的糟糕。团员中有一位美国律师，经常跟我这个团长沟通，可是我的聋子加哑巴英语毫无回应之力，听不懂又不想显得无能，只好笑着敷衍他“Yes（是的）”。

有一次我说“Yes”之后，发现他神情有些古怪，硬着头皮请他再慢慢说一次，才知道他刚才是问我现在几点了。后来我吸取教训，听不懂就请对方说得慢一点、简单一点，不再不懂装懂。

路途漫漫，我注意到一位姓吴的团员总是端坐读书，仔细一看，是伦敦大学的法学课本。我钦佩这种勤奋苦读的精神，聊起来才知道他居然跟我一样，也是香港威灵顿学校的毕业生，靠实力考进了港大，已经拿到一个会计师学位和工程学位，业余还在读伦敦大学的法学课程。

我知道从一所软硬件都很差的“飞仔学校”毕业，有今天的成绩，需要付出很多努力。肃然起敬的同时，他利用业余时间学法律这件事，也在我心里埋下一颗种子，两年后我去宝洁上班又不满现状，就是靠着工余学法律，开始了职业转型。

与这位吴姓朋友的短暂邂逅，激发了我的斗志，也带给我一份持续终生的友谊。多年后我成为一名律师，他也考下律师证，不过最终没有从事法律，而是帮家里打点生意，但我们经常会约在一起爬山，聊聊彼此近况。

火车隆隆前进，穿越广阔无垠的西伯利亚地区，进入苏联境内。第一站是伊尔库茨克，旁边就是贝尔加湖。风景如画，美到我没有多想就跳下湖去游泳，却差点被冻感冒。原来西伯利亚是何等寒冷的异国，夏天的湖水也冰冷刺骨。

好在我这时候发了一笔小财，可以大吃大喝把身体补回来。

在香港上旅行社组织的俄语培训班时，我得知香港电子表在苏联很畅销，于是从夜市上买了二十多块电子表带在身上，在火车上就很轻松地加价卖出了一部分。

我握着一叠卢布，顿顿在餐车享受美味的炖牛肉和罗宋汤，看着窗外的草原疾驰而过。也是靠这些卢布，我在莫斯科活得像个“土豪”，反正不知道以后是否有机会重游，而这些钱因有外汇管制，离开苏联就花不出去。

一路上，我对“别处的生活”有了新的认知。

在当时的苏联，货柜永远是空的，当地人买什么都要排队，走在路上总有人凑近游客问“有没有电子表卖”……我并没有意识到，这是计划经济带来的物资极度匮乏的冰山一角；也不知道，我现在花得畅快，离开苏联后将吃尽苦头。

用旅行打开盲盒

在苏联玩了快一个月后，我们从莫斯科坐火车到波兰华沙。下车时已是深夜，到处找不到 YMCA（基督教青年会）青年旅舍，一群人只好睡在公园里。

9 月的华沙，夜晚已经接近零度，我用黑色垃圾袋把自己裹起来，心里还挺庆幸：省了 1 美元住宿费也不错。那次旅行，我每天的预算才 5 美元。

早上起来，我觉得整个人都冻僵了，去店里买热咖啡暖身，才发现青年旅社居然就在我们夜宿的公园对面！我指给朋友们看，大家面面相觑，啼笑皆非。

旅行的美妙之处，是我们可以从各种意外、失误、犯错中学习，培养成年以后坐头等舱、住豪华酒店都不能再复刻的敏锐感受力。

就这样一路穷一路游，我离开华沙后又去了捷克、匈牙利、南斯拉夫、希腊，到了意大利，才终于意识到自己有多山穷水尽：吃得上饭就住不起旅舍。事后想起来，其实在东欧时，口袋里就没剩什么钱了。

好在我年轻，也过惯了苦日子。

我有时候会借宿便宜的民居，没有的话就睡在火车站，如果不幸被警察用靴子踢醒，就换个地方继续睡。还有一次，经过一块墓地，发现花岗石很干净，环境也很好，我就进去找个地方，安睡了一晚。最穷的时候，我一天只买一瓶水，喝完就去公园接饮用水，再买一个长面包，饿了就吃一点，就这样顶了好几天。

那次穷游的最后一站是意大利罗马。火车站的窗台很宽大，我就直接睡在上面了。睡得正香，忽然听到一个像剪指甲的声音，下意识一睁眼，四五个黑人站在我身边，灯光也不够亮，只能看到他们白灼灼的眼睛。我顺着他们的目光看到自己胸前，那里有一条普通的银制项链，也就值几十元港币而已。

我吓坏了，但在“飞仔学校”受过的教训告诉我，服软就完了。我下意识模仿李小龙的招牌姿势，大喝一声，假装比画出一个功夫的起手式。对方可能心虚，也可能知道李小龙，以为我这个中国人也会功夫，赶紧撤了。虚惊一场，但我还是吓得不敢睡了，在窗台上枯坐到天亮。后来才知道，李小龙的《猛龙过江》就是1970年左右在罗马拍摄的，在当地十分有影响力。

我在风餐露宿中瘦了一大圈，终于等到早就订好的飞机，从意大利飞到菲律宾马尼拉，住进了叔叔家。

叔叔家很豪华，有五层楼，每一层都有200多平方米。我洗了一个长长的热水澡，直到流在地上的水不再是黑色，才躺在松软的床上，感慨人生的起落：从睡墓地到睡叔叔家的豪宅，前后也就几天时间，却是两重天。

在马尼拉休整了一周，表弟每天带我去海鲜市场点菜，吃得不亦乐乎，很快我的体力就恢复了，一周后回到香港——带着我在苏联买的彼得大帝雕像，金属制作，又贵又沉。

这次旅行持续了近两个月，虽然因为经费不够差点成了流浪汉，但我觉得自己收获之丰富，远远超过吃的苦头。

法国文豪马塞尔·普鲁斯特曾说：“真正的发现之旅不在于寻找新的风景，而在于拥有新的眼睛。”因着这次旅行，我开阔了眼界，收获了朋友，体验了很多平时完全接触不到的人和事，甚至还带来“副产品”，比如说，成为空手道黑带。

旅行结束一回到学校，我就报了空手道班。因为在罗马遇险的经历让我警觉：当时我虽然身材练得很健壮，但出门在外，光有一身肌肉不过是空架子，还需要学习一些防身制敌的本事。可惜我天赋不高，每周三次练习，练了半天，依然连腿都踢不高，还被一个师兄耻笑，劝我放弃，不要成为空手道协会的耻辱。

我没有理会他，因为学功夫不是为了炫耀或打架，而是为了关键时刻有能力和自信保护自己和他人。技多不压身，中国人常说：咱不惹事，但来了事咱也不怕事。

李小龙曾说："我不怕会一万招的人，我只怕一招练一万次的人。"靠着勤奋练习，后来我用四年时间拿到了空手道黑带，比一般人多用了近一年。意外收获是我的行政能力和领导力被师傅苏志刚看重，让我担任空手道协会的副会长，负责第一届香港各大院校空手道比赛的协调工作。

第二次旅行，是大学第二年的暑假。当时我在大哥开办的旅行社做兼职导游，带旅行团。我想得很美，以为这份工作既能挣钱又能自己玩，可现实并不同于想象。除了工作辛苦，很多团员是来自台湾的老兵，他们是来内地探亲之余顺便旅游。按照当时的惯常操作，游览完景点后，我还要带他们去旅游商店买东西。虽然有回扣，可是想到这些老兵花了不必要的钱，可能还是他们攒了一辈子的积蓄，我心里就不太舒服，最后辞职了事。

此时我也无比期待 1988 年暑假的旅行，决心好好规划一下，毕竟下一年暑假过完就进入毕业年，肯定没时间旅行或者玩了。

拿着一点点积蓄，我去了西藏，还是独自上路，还是漫长的火车之旅。

这趟旅行我走过西宁、格尔木、唐古拉山、那曲、拉萨、日喀则、樟木边境，爬过喜马拉雅山的山脚，最后到了尼泊尔，前后历时一个多月。经历了前一次东欧行没有经历的交通不便、身体不适，也体验了相对宽松的预算。

印象最深的是拼车来到加德满都后，听说当地酒店有个赌场，就赶去一试身手，结果赢了约 3 万卢比，相当于当地警察一年的收入。有了这笔钱，我不必再苛求自己穷游，不但玩得畅快，还邀请路上偶遇的一位香港朋友在加德满都一家很棒的日本餐厅大快朵颐。

往后的三十年，我因为公务有很多机会往返于各国之间，享受更好的出行条件，却再也无缘体会年轻时那般纯粹的旅行。

佛家谈及因果时说：一饮一啄，莫非前定。年轻时去旅行，是教育的一部分；年长时去旅行，是经验的一部分。专业的事永远要认真准备，可成长是细水长流的，不会等你做好了准备才发生。

生活充满不确定性，旅行能让我们更好地认识到世界的广阔，同时看清自己的喜好，从中碰撞出无限可能。

4

生命的责任：生活需要一点理想主义

我家位于福建前港村的祖屋门前有一副楹联：“慎言行，敦威仪。”化用自《诗经·大雅·民劳》：“敬慎威仪，以近有德。”这是形容君子的风范：言行严肃谨慎，举止威重有礼，才能结交有德之人。

这是我爷爷1940年左右修建祖屋时精心选择的家训，他没读过什么书，一直期望子孙做一个“严肃有德行”之人。虽然早在我出生前，他就已经在菲律宾去世，但我越年长，越发自内心地认同这句家训，并以此要求自己。

我也时常想起早逝的父亲：他是否也曾像我一样站在这副楹联下，决定践行父亲的标准，来度过未来的人生？

父亲的遗产

某种意义上，我的父亲是个“不合时宜”的好人。

1950年，年仅16岁的父亲尚在读初中，在家人毫不知情的情况下，自己报名参加了解放军。此举让周围人很不理解，身为华侨的后代[①]，家境殷实，为何要放弃舒适的生活去参军？对此我曾询问过母亲，她表情复杂地摇摇头：“他啊，总有一肚子不合时宜的傻气！”

父亲本来立志参加抗美援朝战争，随时准备牺牲来报效国家，他所属的部队由彭德怀元帅带领。后因种种原因，父亲所属的部队没有上朝鲜前线，他作为新兵，被派驻在福建沿海，以防

① 巧合的是，我爷爷也是在16岁那年独闯菲律宾，然后从学徒拼搏为当地华人中数一数二的富商。

国民党军队反攻大陆。

父亲当兵八年，因为华侨身份在部队很难有大的晋升，1958年以炮兵班长身份退伍转业，被安排在福建漳州糖厂做一个普通工人。后来经朋友介绍，父亲跟我母亲相识，婚后育有四个子女，本来我还有个弟弟，但出生时不幸夭折。

糖厂的工作又脏又累，父亲不以为意，十分勤快，每天有事做、忙个不停，就知足了。母亲说，“文化大革命”期间很多人只搞革命不上班，父亲却坚持每天去工厂，“格格不入”到曾被人用枪指着，威胁他再上班就没命了，父亲也没有畏惧退缩，每天上班如常，倒是母亲为此经常提心吊胆。

现在想想，父亲追求理想、坚持原则的“一根筋”，在那个年代需要极大勇气。我现在性格里的执拗、不达目的不罢休的特点，大概也是受父亲的遗传和影响。

为了给孩子们创造更好的生活，父亲申请了五年，才获批移居香港，我猜他是想要大展拳脚有一番作为的。但人生地不熟，为了谋生，他只能在工厂流水线上日复一日地劳作。好不容易一家人在香港团聚，42岁那年，父亲又罹患肝癌。

现在回想，父亲的肝癌与劳累的底层工作、无法继承菲律宾爷爷的任何遗产而忧郁的心态都有关系。所以我经常提醒自己不要太劳累，要懂得看开和放下，要让自己的生活有趣味。虽然很多时候也做不到这么潇洒，但能经常提醒自己，总是个好的开始。

我至今记得父亲最后的岁月，笼罩在一家人头上的愁云惨雾。

父亲倒下，家庭的经济支柱没了，一家六口挤在阴暗潮湿、15平方米的房间，母亲一边照顾父亲，一边担心全家下一顿饭还能不能吃上。没钱住院，父亲每天忍着剧痛躺在床上受煎熬，夜里辗转反侧，我在梦里经常听到他的呻吟。

为了活下去，大哥没有继续念书就去工作，二哥和我一直是半工半读。父亲生病，几个子女更需要加倍干活自己挣饭吃，每天起早贪黑，又累又饿。有一次，我觉得实在撑不下去，大声质问病床上的父亲："你为什么要带我来到这个世界上？我们过得太苦了，没有一天高兴!"说完我愤愤地摔门而去。

后来听母亲说，此后几天，父亲话也不说，饭也吃不下，眼角湿湿的。

父亲最后辗转去了广州医病，因为家里实在付不起香港的医药费。至于父亲是怎么去广州的，母亲并未告诉我和妹妹。只记得那一天，我在家里熨烫灯纱和赶计件，收音机里唱着"时光一去不待人"，一切都还算平静。突然我被叫去接电话，是广州一位亲戚打来的，告知我父亲去世了。

父亲的去世是意料之内，对他来讲可能是个解脱。可妈妈、妹妹和我移居香港时对未来生活充满憧憬，马上面对的却是父亲患上肝癌，一年内，12岁的我就体会到人生的生离死别。

我没有见到父亲最后一面，没有机会参加他的丧礼，也没有机会与他说再见，更没有机会为两个月前的那句质问，向他认错。

当我自己也成为父亲，活到比他在世时更年长的年纪，每次回想当年那一幕，自责、懊悔就像原子弹在内心深处爆炸，眼泪止不住地流，感觉身心血肉模糊。我希望父亲在天之灵能原谅我，我渴望他能出现在我的梦中，让这个不肖子有机会当面向他认错。

曾在一本书上看到这句话："如果没有明天，要怎样说再见?"人生匆匆而过，很多人、很多事，错过就是一生一世，忏悔于事无补，我们唯一能做的，是在一切还来得及时，理解、善待周围的人，尤其是自己的亲人。

2020 年下半年，我在朋友圈看到一则消息：作为家庭经济支柱的丈夫被货车撞死在街头，留下孤儿寡母，我的朋友为此发起募捐，却只筹到几千元。

我立刻联系死者家属，告知如果要起诉肇事者索赔，我可以帮她请律师。为了让她相信我不是骗子，我特意出示了自己的名片。得到信任后，又帮她联系了一位专精此类官司的律师，并借给她五万元用以支付前期的律师费。

我对她说，官司如果打赢，能得到合理的赔偿金，付完剩下的律师费后，若还有更需要用钱的地方，我转给她的这笔钱，就不用还了。

办完这件事，我打电话把整个经过告诉了妻子。她沉默了一会儿，表示支持，但也叹了口气，说："萍水相逢，恐怕也只有你会这么做。"我能想象她在电话那边苦笑着摇摇头的样子。从 20 岁出头跟我在北京相识，我是什么性格，她最清楚。这么多年看着我做“傻事”，她一直都很理解、支持，我对此非常感激。

我想到童年时家里出现的一幕：父亲在糖厂工作时，每个月只有 18 元工资，一家人日子过得紧巴巴的，父亲却乐善好施。有一次，一个朋友向他借 300 元，在 20 世纪 60 年代这不是个小数目（在老家都可以买一套房了），他二话不说就掏出了积蓄。后来我们一家要去香港，父亲去找这个人，没想到却被威胁：要钱没有，再来催债，就跟你同归于尽！

母亲在回忆这件事时，一脸苦涩。在我印象里，吃过大亏的父亲后来还是没长教训，遇到村里有人生活困难，只要开口借钱，父亲都会应允。

或许母亲至今还担忧我会吃亏是有道理的——她总觉得几个孩子里，我最像父亲，有一种不合时宜的理想主义，经常反其道而行，所以母亲总是骂我放着好日子不过，老是选择在石头里打滚，这是闽南话，意思是找罪来受。

我主动“找罪受”的一个表现，是曾担任北京自家小区的业委会主任 5 年，这是本职工作外的社会责任。我先用 3 年来建立业主大会和业主委员会，然后成功担任业委会主任，一共做了 8 年的社区服务。其间遇到各种麻烦与责任，我工作再忙，也心甘情愿去承担，身体终于被累垮了，家人也抱怨说，自己的孩子都没时间陪，却贴钱贴时间给邻居们做贡献。

而在我看来，工作之外，社会服务是我生命的重要部分，我在做这些事时，是抱着但求心安、不求回报的态度。可能冥冥中，父亲的人生选择也影响了我，当年一家人在香港底层打拼的经历，让我愿意做一些力所能及的事，帮助其他陷于困苦的人与家庭，避免他们陷入我少年时的绝望境地。

做人顶天立地，做事无愧于心——父亲的遗产，我希望在自己的家庭中也能代代相传。

奋斗才是成功的捷径

2019 年 9 月，我从埃森哲离职，加入蓝海法律查明和商事调解中心，担任首席法务官。很多同事、同行，包括我的家人、朋友都不理解：我为何要放弃在外企的高薪高职，在 54 岁的年纪，到新的城市重新开始？

自从 2015 年轻度中风，短暂得了抑郁症后，我一直自问：我人生的终极价值是什么？

美国当代最伟大的律师艾伦·德肖维茨曾说："每个律师的梦想都是帮助塑造法律，而不仅仅是对它做出反应。"这也让我思考，自己在跨国企业习得的经验，是否可以推而广之，为他人、为社会做出更多贡献？

我再一次回望走过的路：

我有二十多年从法律实务到企业管理的国际实践，可以与更多内地企业、法务和律师分享，规避潜在风险，帮助建立国际化的法律法规体系；

我天资普通，资源有限，从底层一路打拼成为资深律师，我的一些心态建设和学习方法等，可以鼓励、帮助更多出身平凡的年轻人直面挑战，迎难而上；

我没有闪耀的学历和履历，靠个人努力在律师行业扎根，对于想要从事律师工作的学子与新人，以及其他对未来、对发展备感迷茫的年轻人，我在这个领域摸爬滚打得来的经验教训，可以帮助大家少走弯路，打造符合国际水准的业务能力和洞察力。

这些也是我到深圳后，着手写作这本书的主要目的。至于为何在新事业上选择企业合规领域，主要基于以下几点考虑：

首先，我自 2012 年起担任埃森哲亚太区的合规和监管法律部的董事总经理，而埃森哲的合规一直做得不错，连续十多年被选为最有商业道德的公司之一，长期学习与实践令我受益良多。

其次，我判断合规将是法律界下一个十年的新风口。

自 2018 年以来，美国频频以维护国家安全、保护人权等为由，打压中国高科技企业，遏制中国发展。面对复杂严峻的外部环境，中国的高科技企业防御措施严重不足，防范合规风险已经迫在眉睫。

随着近年来中美贸易战的不断升级，以及 2018 年华为、中兴遭重创等事件的出现，国内企业、法律从业人士日益重视企业合规。数据保护、出口管制、反腐败与反商业贿赂、商业秘密等领域都是极受关注的合规模块，合规业务已经成为新的风口和增长点。它可以最大意义上承载我实现社会价值和个人价值的愿景。

除了相关从业者和企业开始重视合规，政府也逐渐将合规作为工作重点，试图为企业提供有效的合规风险防范指引和合规体系搭建指引。

2020 年，以深圳经济特区建立 40 周年为契机，中央支持深圳实施综合授权改革试点，并发布《深圳建设中国特色社会主义先行示范区综合改革试点首批授权事项清单》。清单中明确，在对外开放方面，深圳要完善国际法律服务和协作机制。

由此，深圳市司法局将 2020 年确定为合规建设年，从政府合规、企业合规、行业合规、涉外合规等多个方面，全方位持续推进城市合规体系建设，努力将深圳打造为合规示范区。

而深圳蓝海法律查明和商事调解中心自 2016 年左右便开始关注合规领域，并在有关单位的指导下进行了相关课题的调研。

我认为，深圳作为高科技企业聚集的创新型城市，比较好地把握了与国际合规体系规则的衔接，也适合作为合规业务推进和发展的重要城市。我希望在新的平台上，发挥出自己及团队在合规领域的专长，并借助深圳的政策优势，将合规业务推广至大湾区其他地方以至全国。

本书写到这里，已经接近尾声了。

此刻是周日，我照常来到公司，趁着没有杂事打扰，专心写稿。这几天赶上寒潮，深圳没有暖气，室内外都要穿棉衣，不像在北京，哪怕户外冰天雪地，屋里一件薄衫就足够了。

我的前半生，从福建到香港，从香港到北京，再从北京来到深圳，就像一只候鸟，往返于祖国的南北两端。对不同的天气、环境、风土人情，不断适应、融入，然后离开，怀念，重新开始。

或许奔波劳作就是我的宿命，但我也不以为苦。人生没有捷径可循，赤手空拳打拼，靠努力挣得的一切，才安稳踏实。

1977 年 3 月 9 日的深圳罗湖口岸，我跟妹妹牵着母亲的手，等在排队的人群中，准备通关去往香港。时光荏苒，当年的孩子们早已长大成人，在各自的领域事业有成：

我大哥在香港经营一家旅行社，是香港旅游界的活跃人士，曾经担任香港旅游业议会理事和杭州市政协委员。他辍学早，用稚嫩的肩膀接过父亲去世后留下的生活重担，跟母亲一起节衣缩食，抚养弟弟妹妹们。

二哥聪明机灵，性格外向，跟我很不一样。小时候我俩一起做工，他总是愤愤的，说迟早有一天要更聪明地赚钱，还总笑我没出息，只会花笨功夫，不会使巧劲。如今他在金融投资领域做得风生水起，早已在寸土寸金的香港购置了别墅和公寓。他对市场敏锐的判断力以及高超的投资和理财能力，令我望尘莫及。

小妹远嫁到加拿大，在一家银行工作。谈不上富庶，但一家人和美幸福，也过上了殷实的生活。

二哥在香港为母亲购置了一套公寓，大哥和我负责照料她的生活起居，母亲终于不用再辛苦操劳，得以含饴弄孙，安享晚年。每逢佳节，子女和孙辈会从世界各地赶回香港重聚，陪母亲拉家常，回忆过去的时光。

跟很多人相比，我及我的家人是幸运的。天道酬勤，我们得到了各自想要的东西，是努力，让我们变得如此幸运。

有几句话，送给正在逆风前行的你和我自己：

不要害怕贫困，它令我们奋斗，每一天都过得比前一天更富足。

不要害怕笨拙，它令我们勤学，谦虚得像一只空杯子，还有很多空间等待填充新的知识。

不要害怕衰老，它令我们有经验。智慧需要时间来沉淀，不妨把衰老当作一个有魅力的朋友。

不要害怕疾病，它是身体拉响的警报，提醒我们放慢脚步，反思生命中最重要的人和事。

不要害怕逆境，它当然让人痛苦，但每一次挑战也让人成长。接受它，突破它，很多难题没有想象中那么可怕。

正如圣雄甘地所说，如果我们能改变自己，世界的趋势也会改变；当一个人改变自己的本性时，世界对他（她）的态度也会改变。

我经常提醒自己：人生无常，活好当下，珍惜眼前人。

年过半百，我迫不及待再次挑战自己，期待未知。

希望你也是。

后　记

非常感谢各位读者阅读本书。

我写这本书的初衷非常简单。2020 年 3 月疫情最严重的时候，我所在的深圳市蓝海法律查明和商事调解中心的业务受到了很大的影响，我们以前平均每年举办 20~30 场各种各样的线下法律培训和座谈会，但疫情暴发后全部停止了。

我共有大约二十名同事，他们都是有情怀又非常努力的人，我们不得不思索怎么面对疫情的挑战。这个挑战带来的影响是：（1）怎么使我的同事有事可做；（2）怎么继续保持与各方的互动，持续发挥影响力；（3）怎么继续创收来支付大家的工资和福利。

我想这些挑战是大多数企业和机构在 2020 年 3 月至 4 月面临的重大问题。我与两个核心伙伴经过讨论，决定采取两个对策：（1）将线下的法律培训转到线上；（2）我来讲一些大众听得明白的励志故事来激励大家。之后，我们一方面着手设计线上法律培训课程，另一方面，我开始准备励志故事的讲稿，希望通过线上来与大家分享。

说做就做。我们在2020年3月底推出了一系列公益法律培训，效果不错，直到现在，线上法律培训已成为我们的“新常态”。2020年4月底，随着疫情逐渐得到控制，我们原本的业务慢慢恢复正常。

在准备励志课程的过程中，我看了很多相关书籍，但我并不擅长分享其他人的励志故事：其一，其他人的故事我讲起来没有代入感；其二，我讲话时有非常浓的“港腔”，得到、喜马拉雅和十点课堂的讲者或演播员在发音上不知道比我好多少倍。所以我想不如跟大家分享我自己的故事：我是怎么在12岁从福建移居香港，少时丧父，在社会底层挣扎，如何通过努力找到正确的路径，最终改变命运，成为国际律师、世界500强企业高管，执掌埃森哲亚太区区域法律部，并成为埃森哲全球法律部管委会中的首位中国人。

我在当律师之前做过10份不同的工作：录音带装配工人、餐厅清洁工、餐厅收拾桌面的小工、餐厅侍应生、酒店行李员、酒店房间清洁工、保安、中学生家教、旅行团导游，以及销售人员。从2020年6月起，我开始回忆着以前的点点滴滴断断续续地写稿，到2020年9月，在我太太的帮助和鼓励下，我基本上完成了初稿。

但我发现我的初稿有一个大问题——我只叙述了个人经历和故事，没有提炼出对听众和读者有用的原则和方法。这样，即使是激情澎湃的分享，我也无法有效地帮助听众和读者，于是我联系了独立出版人汤曼莉（汤汤）老师，在汤老师及其团队的帮助下，我重新调整这本书的内容，做了多次修改，并基于过去几十年的工作经验提炼出一些原则和方法。当这本书定稿的时候，我想无论书的销量如何，我都是最大的受益者。写作的过程也是复盘人生的过程，这让我可以面对未来的挑战，可以与读者们真诚地沟通。

经过一年左右的写作，加上不断完善和充分准备，这本书终于可以出版了。能得到中信出版社的认可，我感到非常荣幸。汤老师及其团队的指导，以及我太太的帮助和鼓励也让我非常感激。

我尤其要感谢庄泉娘女士、叶渌律师、陈鸿昌先生、余进女士、杨洪钧律师为这本书撰写推荐序，他们都是所在领域的翘楚，工作也非常繁忙，但我邀请他们写序的时候，他们都二话不说就答应了，并且通读了本书的原稿，这使我更加感激。

我本身是个资源有限、资质普通的人，我希望在这本书里与大家分享如何突破先天局限，以及在持续变化的时代里，有哪些不变的原则和方法，能帮助大家突破“天花板”，实现终身学习与成长。

我现在在深圳的事业尚处于创业期，万事开头难，我不断反思过往，展望将来。我希望通过本书来激励自己和所有人，让我们一起面对人生的种种挑战，在逆境中成长和成事。

2021 年 6 月 28 日